Schramm • In die 13 Wässerli

Godehard Schramm

In die 13 Wässerli

An einem kleinen Bach in fränkischem Wald –
manchmal urwald-groß

Mit 190 Fotografien vom Autor

VERLAG PH. C. W. SCHMIDT

Neustadt an der Aisch, 2020

Autor und Verlag danken für finanzielle Unterstützung:

**Rudolf Ohlmann, Mühlenbauingenieur,
und Frau Else, Mosbacher Mühe (Mosbach)**

Dr. Birgit Kress, Erste Bürgermeisterin von Markt Erlbach

Hans Wust, EDEKA GmbH, Markt Erlbach

Adolf Schilling, Alt-Landrat vom Landkreis Neustadt a.d. Aisch-Bad Windsheim, Markt Erlbach

1. Auflage April 2020

Satz- und Umschlaggestaltung: Laura Hitz, Verlagsdruckerei Schmidt
Fotografien: wenn nicht anders erwähnt, Godehard Schramm

ISBN: 978-3-87707-174-8

Gesamtherstellung:
VDS VERLAGSDRUCKEREI SCHMIDT
91413 Neustadt an der Aisch

INHALT

ERSTE ERKUNDUNGEN

IN DEN WALD

**WALD-BACH-STUNDEN
IN DIE 13 WÄSSERLI**

Vom Erleben übers Erfahren zum Erkennen

VIER ZUGABEN

ANHANG UND NACHWEISE

ERSTE ERKUNDUNGEN

Überraschender Fund in der Nähe: Der Siedelbach

Auf unserem Lebens-Hintergrund

Ausgangspunkte: Unser Hauptwohnsitz, seit 1974, die Schweppermannstraße in Nürnberg und, seit 1976, das 1837 errichtete und 1914 aufgestockte *Opel-Haus* in Neidhardswinden.

Wie verwegene Nomaden wagten Ingrid und ich, stets als Mieter, ein Spagat-Leben zwischen *Stadt* und *Land:* der Schriftsteller in der ständigen Unsicherheit des *Woher kommt das Geld für die 12 Monate des jeweils neuen Jahres?* Die Ehefrau arbeitete in der zuverlässigen Angestellten-Sicherheit einer Sozialpädagogin. Diesen Mix aus *Sicher-und-Unsicher* hielten wir für ein taugliches Lebensmodell, denn wir teilten uns, wenn auch nie nach dem 50%-zu-50%-Schlüssel, den Posten *Haus-Frau & Haus-Mann.* Die Frau überließ während ihrer Dienst-Arbeitszeit dem Mann die Vaterrolle, zunächst für die 1972 geborene Tochter und zehn Jahre später auch für die Zweitgeborene. Mein Tagebuchtext *Vaterschaft, zweiter Versuch* erschien 1983 in dem Buch *Die stillenden Väter;* da konnten wir Dichter-Kollegen nachweisen, dass wir durchaus auch mütterliche Fähigkeiten zu erlernen im Stande sind, wenn uns die Mütter-Frauen ihre Verantwortung anvertrauten … Da gab es, zunächst nur mit einem Auto, naturgemäß immer wieder Kollisionen und Streit – aber wir hielten durch, weil wir auch bei diesem Experiment zusammenhalten wollten: getreu dem Vorbild von Max Picards *Die unerschütterliche Ehe.*

Unsere Jahres-Zeit richtete sich also nach dem bayerischen Schuljahr, und in diesem Zeitrahmen, mit seinem *Viel-Zeit-Meer*, gibt es die willkommenen Inseln der Ferien: ein zuverlässiges Beispiel für *konservativ.* Wenn sich auch meine Dienst-Verpflichtungen nicht immer synchron mit der pädagogischen Lebensarbeit meiner Ehefrau zur Deckung bringen ließen: *Ferien* bedeuteten für uns zumeist auch Reise-Freiheit.

Unser Welterkunden ereignete sich im geographischen Rahmen *Europa* und im geistig unbegrenzten Gefilde der *Welt-Literatur*; dabei hatten und haben wir einerseits unsere Länder-Konstanten – Holland und Italien –, und es gibt Reise-Phasen nach Polen und Frankreich, bisweilen bewegten wir uns vorzugsweise in ost-europäischen Gefilden, andererseits durchbrachen wir oft unser *In-die-Welt-hinaus* mit spontanen Ausflügen.

Meine Frau wünscht sich als Gegengewicht zu meinen *„immer denselben Wegen, die stumpf machen können“*, etwas, bei dem wir gemeinsam wieder mal bei Null anfangen könnten.

Von unserem Dorf *Neidhardswinden* aus ist mir das Wiederbegehen vertraut gewordener Wege ein Grundbedürfnis – vergleichbar dem Tagesbeginn mit Kerzen-Anzünden vor einem Heiligenbild und einem um Segen bittenden Gebet.

Alle selbst erschriebene Fülle kann ja nie ganz abgeschlossen sein; allenfalls Quersummen gelingen, und manchmal könnt' einen das Unerschöpfliche, schon in allernächster Nähe, zur Verzweiflung bringen.

Wenn mir auch viele Wege rund um mein Dorf vertraut sind, kommt trotzdem oft ein hartnäckiger Wunsch nach Erweiterung auf.

Ich legte also eines Tages die *topografische* Karte im Maßstab 1:25 000 auf den Tisch: das Blatt *Emskirchen:* Da bot sich gleich beim südlichen Nachbarort ein Waldstück an, dessen Wasserlauf genauso wie das Dorf heißt: *Siedelbach* – grob geschätzte Weglänge: zwei Kilometer.

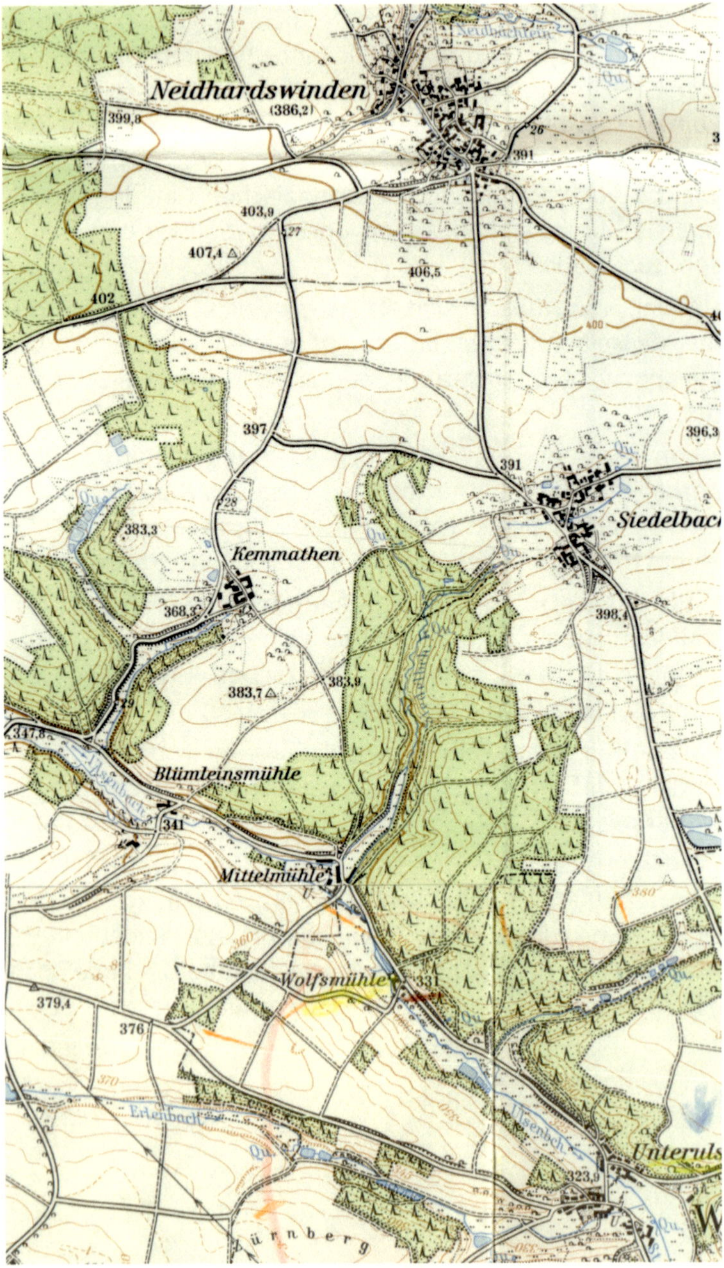

Geobasisdaten: Bayerische Vermessungsverwaltung

„Dieses Gelände könnten wir erkunden!"

Die Landkarte versprach einen Waldweg, der münden würde auf einer schmalen, waldumschlossenen und in Franken oft so zauberhaft wirkenden Wiese.

Der auf unserer Strecke zu überwindende Höhenunterschied verblüffte mich: beginnend bei 391 m ü NN auf der Frankenhöhe fällt der Bach nach und nach um 50 Meter – bei 341 m ü NN geht er in einem anderen Fließ-Gewässer auf: im *Ulsenbach*, der mit seinem Wasser-Nachschub der *Zenn* zuströmt, die bei Fürth in die *Regnitz* mündet.

Fische würde das Flachbächlein wohl keine zu bieten haben, indes bei seiner ganzen Kürze brauchten wir uns nicht zu fürchten, dass wir uns im endlos Unübersichtlichen verlören. Aufbruchstimmung erfasste uns. Noch war uns die Magnetkraft des recht vagen Wegzieles nicht bewusst – es lockte einfach; vielleicht weil es leicht erreichbar war und es uns nicht unangemessen viel Zeit abverlangen würde.

Wir machten uns auf: nach *Siedelbach*, dem nur zwei Kilometer von unserem Dorf entfernten *Etwas-Weniger-Häuser-Ort*. Der liegt auf der Frankenhöhe, in einer flachen Mulde; von dort fallen Felder und Wiesen leicht westwärts ab – bis zum Waldrand, wohin ein Feldweg führt; dort ließen wir das Auto stehen. Vom Ort Siedelbach selbst wussten wir damals so gut wie nichts.

Den Wald-Einstieg ermöglicht ein Weg, von Traktorreifen tief ausgefurcht, Bäume zu beiden Wegseiten: Plötzliches Eindunkeln.

Der gesuchte *Siedel*-Bach ist noch kaum sichtbar in einer grasumwachsenen Rinne bis zum Waldrand gelangt und wird nun erst durch sachtes Geplätscher wahrnehmbar.

Etliche Zeit später erst wurde ich seines Wald-Eintrittes gewahr: Er kommt aus einem blauen Rohr am Feldrand, als hätte ihm ein Schuhlöffel von Menschenhand seinen Weiterweg gewiesen – und mit seiner noch jungen Wasserkraft hat er gleich eine Kerbe in Erde und Gestein geschnitten, so dass er zwei verschiedene Schlucht-Hänge gebildet hat; linkerhand bestanden mit Esche und Ahorn, zwischen Föhren und Fichten.

Eintauchen in Wald-Stille: den Mund abschaltend – auf der Stelle nimmt ein Druck ab, der uns sonst auf Uhr oder andere Aufgaben schielen lässt. Ein Freiraum des Unbedrängt-Seins tut sich auf.

Einerseits – andererseits …

Umstieg in ein *Anderseits*, denn das würgende *Immerzu!* der Industrieproduktion ist etwas anderes als organisches Wachsen; ich war damals überzeugt, dass die seinerzeit noch geleistete Bauernarbeit etwas mit der Künstlerarbeit gemeinsam hat: beide widersetzen sich jener Gesinnung, die das jeweilige *genug* immer höher schrauben will.

Hier erlebte ich nun, wie aus einem *Wenig-ist-genug* Fülle aufsteigt – und, in einem Stündlein zu durchmessen: diesen kleinen Bereich kannst du dabei als etwas Ganzes empfinden. Gemächlich gehen auf sumpf-welligem Weg: daneben zunächst nur Brennnessel-Geflamm.

Plötzlich eine Biegung: eine Lichtung, und dort, wie auf einem alten Foto vom Dreschen, wobei das Korn hoch*geworfelt* wird: da würfeln jetzt Falter die Luft. Wir beide verweilen beim Orangegelb von Faltern; ein zartes Muster in Schwarz ist darein gewoben: drei *Kaisermantel*. Oder waren es nicht doch *Distelfalter?*

Sie erinnerten mich später daran, wie ich eines Abends mit meiner Frau das Schlüpfen eines Falters aus seiner Puppe zum ersten Mal betrachtet hatte: Wie sich die verhüllte Puppen-Gestalt aufpumpte, Gestalt annahm … Wir wurden Augenzeugen einer Entfaltung.

Dieses Sich-Entfalten ist wundersam: es ist *das Wunderbare*, und dies gehört zu wahrem Erleben: *Etwas zum ersten Mal sehen:* Wie *Es* sich entwickelt und jählings fliegen kann.

Dieses Sich-Entpuppen, das sich nun der Welt öffnet: Das stimmt uns des Öfteren neugierig.

Aufbrechen in Neuland

Einige Tage später fuhren wir wieder zum Neu-Ausgangspunkt. Den noch schnurgeraden *Siedelbach* ließen wir zunächst links liegen, in seiner Wiesen-Rinne, und stellten das Auto neben einem Feldweg am Waldrand ab.

Dort hat sich das schmale Wasser eine Kerbe gefurcht, um sich wagemutig drei Meter tief über einige Steinbrocken hinabzustürzen.

In einem dunklen Graben beginnt sein Schlängellauf zwischen Fichten und Föhren; ab und zu begleitet von Esche, Ahorn und Weide.

Im einsetzenden Walddunkel ist der Weg zuerst noch furchentief, Brennnesseln begleiten ihn. Nach einer Biegung erreicht er dieselbe Höhe wie der Bach, der flach und breit ausschwingt, als wäre er in dieser Lichtung über seinen Weiterweg noch unschlüssig.

Der Fußweg in der Waldkerbe ist nun schmal; zu zweit kann man kaum nebeneinandergehen. Eine Betonröhre, in den Boden eingewachsen, dient als Holzgeländer-Brücke; alle anderen Stellen, an denen fortan der Bachlauf den Weg kreuzt und unterbricht, sind jeweils nur mit weiten Schritten zu überqueren – zuweilen ragt ein Stein aus dem Wasser, so dass man trockenen Fußes weiterkommt.

Wassermurmeln grundiert die Waldstille.

Schon nach wenigen Schritten hat dieses Geräusch etwas Stillendes. Zugleich stillt es nicht unsere Neugier nach dem weiteren Verlauf.

Eigensinnig schwingt das furten-reiche Gewässer zuweilen weiter als einen Meter flach aus, mal verengt es sich zu kaum 30 Zentimetern Breite; seine Tiefe pendelt zwischen 5 und etwa 25 Zentimetern.

Das Ufer säumen allerlei Pflanzen und bloßgespülte Wurzeln – ab und zu zeigt sich freigeschwemmte Erde. In der Wassermitte wechseln Sandbänke, flache Steinstückchen und Steinbrocken.

Über dem Gewässer wölbt sich das Wald-Dach aus Föhrenkronen, die das Licht dämpfen. Nach einer guten Weile erreicht das Bächlein eine kaum hundert Meter breite, hufeisenförmig vom Wald umschlossene Wiese – es wird jetzt zum Grenzfluss zwischen flacher Wiese und ansteigendem Waldrand linker Hand. Bei der den Wiesengrund abschließenden *Mittelmühle* macht der *Siedelbach* eine Biegung und mündet, etwas östlich von der einstigen *Mühle,* im wasserreicheren *Ulsenbach*, der zur *Zenn* weiterzieht.

Wir kehrten um und liefen nun dem offenen Fließgesicht unseres neugefundenen Baches entgegen – seine Vielgestalt gefiel uns noch mehr.

Wieder einmal musste ich an Adalbert Stifters Zuversicht denken: dass doch jeder von uns empfänglich sei für das „Gefühl des Schönen".

Zu diesem Schönen gehört der abwechslungsreiche Verlauf des Baches auf so kurzer Strecke und dass wir während des Ganges den Bach ganz für uns haben.

Offenbar hält ihn kein Bach-Aufseher in vorgeschriebener Verlaufs-Form oder an einer kurzen Führungs-Leine – er fließt sich selbst überlassen:

Bach-Freiheit in Kleinformat.

Nun erst kamen wir wirklich in die *13 Wässerli*

Siedelbach: Ortskontur von Westen her

Als wir nach unserem ersten Gang im seinerzeit noch an Werktagen geöffneten Wirtshaus *Bardenbacher* in Siedelbach zu einer Brotzeit einkehrten und der betagten Wirtin unseren Weg schilderten, da sagte sie: *„Sssso! Da warn's in die dreizehn Wässerli.“*

Wir entgegneten der Wirtin, dass wir so viele Wässerlein aber gar nicht gesehen hätten – worauf sie erwiderte: *„Die dreizehn Wässerli heißen ja deshalb so, weil's genau dreizehn Stellen sind, an denen man übers Wasser muß. Als Kind bin ich da oft gegangen, das war nämlich unser Kirchenweg nach Markt Erlbach.“*

13 Wässerli – das klang mit einem Male wie ein geheimnisvoller Deckname, ja wie ein Kosewort. Jetzt war erwartungsvolle Neugier erst recht geweckt, und beim nächsten Gang zählten wir genau – und jede der 13 Bachüberquerungen hat ihre eigene Furt-Gestalt: Mal ein Riesenschritt, mal ein Übersetzen auf einem Stein inmitten des Gewässers oder mal ein Zick-Zack-Sprung mit Anlauf.

Diese *13 Wässerli* warben nun nicht nur um festeres Schuhwerk, sondern auch um wiederholte Aufmerksamkeit – und sie versprachen Überraschungen.

DER BACH NIMMT SEINEN LAUF

Nur ein paar Tage später

Als wir erneut kamen, da tummelten sich gleich im Eingangsbereich des Waldes, auf einem Streifen hoher Disteln, lauter Falter: Waren es *Kaisermantel* mit ihrem Orangegold oder *Distelfalter?* Das dicke Tagfalter-Buch von H. J. Weidemann wird es eindeutig sagen: *Kaisermantel.*

Gegenüber, oberhalb eines Hangbuckels, fiel uns ein betagter Bauwagen auf; schon dachte ich an einen Waldmüllplatz, doch das Gegenteil war der Fall: das abgestellte Fahrzeug gehörte zur behaglichen Möblierung eines Teiches, in dem Fische und Enten schwammen. Die weißen Wasservögel hatten in einem Pfahlbau-Häuslein, samt schrägem Treppenbrett, eine sichere Zuflucht vor Raubwild. Bretter auf Stämmen genügten als einladende Sitze; eine mit Steinen gesicherte Feuerstelle gehörte ebenso zu dieser Waldteich-Oase wie der Eisengitterkorb für Abfälle und ein Abort-Häuslein mit Herz in der Tür.

Dort, wo nun der abfallende Weg nach Süden abbiegt, zeigte der Gegenhang des noch lichten Waldes das zusammenhängende, in verschiedenen Grüntönen schillernde Polster aus Moos. Und schon beschämte mich diese Sammelbezeichnung, denn zum Moose Unterscheiden kannte ich eigentlich gar keinen rechten Namen – und dabei reicht die Farbpalette vom saftig dunkelgrünen Sternmoos bis zu hellem Wiesengrün und zu fast silbergrünen Moosbuckeln.

Wieder überquerten wir den Bach auf der Betonröhren-Brücke; nach einer Weile wunderte ich mich über eine gut fünf Meter lange Eisenröhre, durch die man als Kind mühelos kriechen könnte. Ob da jemand den Bach hatte verrohren wollen? Den rostenden Tunnel hatte das Wasser aber nicht wie einen Fremdkörper abgestoßen, sondern ihn als Teilstrecke angenommen, und seine Oberseite ist mit Moos begrünt.

Wo sich der Bachgrund etwas verbreitert, da war jetzt an einer absterbenden Weide das blecherne *Täkk-täkk* eines Buntspechts zu hören, der seinen Klopfbaum spiralig umrundete. Im Wipfel glänzte das schwarz-weiße Gefieder mit seinem Feuerrot als Kopf- und Nackenfleck. Das Ohr an den Stamm gepresst, da ließ sich das von oben durch das Stammholz übertragene *drrrrrr-drrrrr*-Hämmern des Vogels unten gut vernehmen.

Die *13 Wässerli* boten Wasser-Bewegungsformen, Wasser-Klangreichtum und Ufer-Variationen in Hülle und Fülle an. Dazu die drei musikalischen *Sätze* der Verlaufs-Gestalt: Unscheinbare *Wiesen-Ouvertüre* mit Waldrand-Kaskaden, dann *Wald-Mittelsatz* und schließlich das *Finale* zwischen Wiese und Waldrand mit *Ulsenbach*-Vermählung.

Ein Bach: aus der Erde herausgetriebenes, angesammeltes Wasser. Das Abwärts ist eine seiner Aufgaben – dazu Entwässern und Bewässern zugleich, mit Wasser in scheinbarem Überfluss, sogar zur Sommerszeit.

Sein Verlauf ist manchmal ein Anlauf, der zwar nicht ins Stocken gerät, doch anrennt gegen steiniges Ufer und sodann abbiegen muss.

Weg-Suche ohne Umschweife und Auswege, die bei manchem Baum wie Umwege anmuten; und schließlich in einem anderen Graben aufgehen, solange das Gefälle dem Wasser genügend Schub gibt.

Wie da etwas *im Fluss bleibt*: Das Gestalt-Annehmen formt zugleich die Ufer, die zur nachgiebigen Fassung werden – sich ausbreitend, sich verbreiternd, sich zusammenpressen lassend – vergleichbar dem pochenden Atmen einer Eidechse.

Und wie es, bei einer Trittprobe mit Gummistiefeln, inmitten des Baches, unterm Treibsand doch noch festen Grund hat! Keineswegs schlammig.

Im Unterlauf über Steinplatten dahinströmend; zuweilen im freien Fall, ohne streng führende Fassung – dieses sorglose Vorwärts und Abwärts: ein kleiner Wasserzulieferant für den *Ulsen*-Bach, der selbst einstmals drei Mühlen antrieb: *Blümleinsmühle, Mittelmühle* und *Wolfsmühle.*

Dieses fließende *Immerzu*: stets kurzweilig, langweilig nie.

Unwiderstehlicher Lockruf, wenn einer von uns beiden alsbald sagte: *„Gehn wir heut' wieder mal in die 13 Wässerli?"*

Damals war dieses *fließende Wasser* in seiner Lebendigkeit für mich genug. Erst Jahre später kam ich auf den Einfall, im zehn-bändigen *Handwörterbuch des deutschen Aberglaubens* (Berlin–New York, 1987) unter dem Stichwort *Fluß* nachzuschlagen …

Dass fließendes Wasser eine hohe Bedeutung für des Menschen Glauben und Bräuche hat – darüber hab' ich noch nie nachgedacht, wiewohl es ja nötig ist zur Reinigung. Seiner *Lebendigkeit* wird *Heilkraft* nachgesagt, da es *„Schaden mit sich fortführt"*; und so wird in dem *Handwörterbuch* u.a. dies angeführt: *„Bei Zahnschmerzen geht man unberufen an einen Bach, nimmt Wasser in den Mund und speit es in den Bach hinab …"* Dieses *Fortschwimmen,* offenbar durch Erfahrung belegt, galt einst auch in dieser Hinsicht: *„Bachwasser über glatten Kieseln hat besondere Heilkraft."* (Ebda. S. 1684).

Auch ein *slawischer Wassermann* wird im *Handwörterbuch* erwähnt: Er bewahre in umgestürzten Tontöpfen die Seelen der Ertrunkenen – entfliehen sie ihm, so steigen sie *als Wasserblasen* an die Oberfläche …

Ein russisches Sprichwort besagt: *„Fürchte dich nicht vor schnellem Wasser: Die Teufel hausen in stillem Wasser." „Bystroj vody ne boísja, tschérti vódjatsja v tíchoj vodé."* / „Быстрой воды не бойся чёрти, водятся в тихой воде." Die russische Variante von *Stille Wasser sind tief* hat ebenfalls den *Teufel* darin: „В тихом омуте *черти* водятся." Vor dem *Wasserwirbel, der tiefen Stelle eines Gewässers, ómut,* омут, steht im Russisch-Lexikon das Wort ómul', омулъ, die Renke, eine Lachsart, die im Starnberger See häufig vorkommt.

Mancher *Zauberspruch* darf nur *gemurmelt* werden … Haben *Die 13 Wässerli* nicht hie und da auch vernehmlich gemurmelt?

Im letzten Band seiner Lebenserinnerungen schildert der mir in diesem Umfeld neu bedeutsam gewordene russische Dichter Konstantin Paustowskij *Das Flüßchen Wertuschinka: „Bei uns in Rußland gibt es so viele wunderbare Namen von Flüssen, Seen, Dörfern und Städten, daß man sich über sie begeistern kann.*

Einen der zutreffendsten und poetischsten Namen führt das winzige Flüßchen Wertuschinka /.../ Die Wertuschinka (etwa ‚das Wetterfähnchen') dreht sich in einem fort hin und her, eben wie eine Wetterfahne /.../

Mit den Benennungen gibt das Volk der Eigenart des Landes poetischen Ausdruck. Sie sprechen vom Charakter, von der Geschichte, den Neigungen und den Besonderheiten der Lebensweise eines Volkes ... Man muß die Benennungen respektieren."

Das gilt, mit ihrem Bezauber-Namen, ebenso für unsere *13 Wässerli.*

Winterlicher Entdeckungs-Gang: Jahreszeiten überspringend

In unserem ersten Siedelbach-Winter sahen wir an einem Bogenschwung des Bachufers daliegen das vollständige Gerippe eines Rehs. Vom Schädel über Brustkorb und Rückgrat bis zum Becken fehlte kein Knöchelchen; gut zu erkennen die schwarzen zierlichen Schalen der Hufe und der darüber noch verbliebene Fellbesatz – nur einer der vier Läufe war verschwunden.

Oh, dachte ich, da hat der Fuchs einen guten Winterschmaus gehabt! Meister Reineke, der Gerissene, wird dem arglos trinkenden Rehwild aufgelauert und es dann gerissen haben. Wie ordentlich doch dieses Raubwild seine Beute verschmaust …

Knapp 50 Schritte weiter lag, ebenso unzerstört, das zweite Rehgerippe – jeder Knochen sorgsam abgefleischt; nur an Knorpeln noch ein Hauch Blutrot. Lehrstunde in Anatomie: ein Tier-Körper, reduziert auf den Bauplan seines Körperbaus – zugleich in seiner nackten Natürlichkeit ohne alles Abscheu Erregende.

Als wir nach geraumer Zeit wiederkamen, nagten Ameisen die letzten Fasern ab.

Wochen später waren beide Rehgerippe verschwunden.

Der Förster, dem ich den Fund schilderte, lachte: *„Hätte der Fuchs das Reh angefallen, wäre es nicht so unversehrt dagelegen wie auf einem Seziertisch – verendet werden beide Tiere sein; derlei Aas nimmt der Fuchs nur im Notfall an … So sauber abgenagt: das ist die Feinarbeit von Insekten.“*

Nur wenige Außengeräusche dringen in die Waldbachsenke ein. Manchmal die Rufe eines Mäusebussards; gelegentlich das raue Ä-*aaa* von Krähen; zuweilen das Wispernde einer Blaumeise; selten nur das polterige Schlagen einer Taube.

Nach dem Schneeweiß tauchten auf die verschiedenen Immergrüns der Moose; über diesem Unterkleid dann das hellweiß zarte Blütengewand des Sauerklees. An den Stöcken der Farne das silbrig Hellbraun-Grüne der noch eingerollten Triebe, die sich von Tag zu Tag mehr aufbiegen, bis sie sich zu ihren pyramidenförmigen Fächerwedeln entfalten.

Jeder Zustand einer Pflanze ist eine unüberspringbare Entwicklungs-Etappe – uns fehlen dazu die entsprechenden Zeitangaben: also, der Musiksprache entlehnt, Farn-Entroll-*Tempi* neben dem sopranhellen *Basso-Continuo* des Bachklingens.

Rasch mischt sich Holunder als Unterholz in das Neuwachsen des Frühlings; die hohen Stängel der winterkahlen Himbeersträucher belauben sich wieder; die dornenstrauchigen, violetten Ranken der Brombeeren lassen sich wie Spätlinge mehr Zeit – bis in den späten Oktober spannen sie unsere Naschlust auf die Wartefolter: Wie das dauert, bis die grünen Fruchtkörbchen erst leuchtrot und schließlich süßschwarz und essreif werden …

An einer Hangflanke bemerkte ich eines Tages einen zweiten, allerdings viel kleineren Teich, ebenso von einem Quellzufluss gespeist – als Winterung für einige Karpfen und Forellen angelegt und mit Schnüren gesichert gegen den Räuberzugriff des luchsäugigen Reihers.

Die Fische bewegen sich gemächlich; die Karpfen gründeln, die Forellen ziehen ihre Runden. Vernehmen sie die Schwingungen meiner Schritte, so beschleunigen sie aus dem Stand heraus zu einem verblüffenden Schusstempo. Auf Sicherheit bedacht, da werden Fische zu einer forellenschnellen, eben zu einer reaktionsschnellen Bewegung – wären sie nicht im Teich gefangen, sie entkämen allemal. Noch als Gefangene deuten sie ihre Elementarkraft an. Mit dem Fernglas hinschauend, da fielen mir an der Bauchseite der Forellen sachte orangene Streifen auf.

Adalbert Stifter war überzeugt, dass uns Menschen *„das Gefühl für die Schönheit eingepflanzt“* sei und in seinen *Winterbriefen aus Kirchschlag* kam er zu dem Schluss, *„daß ein*

Mensch erst aus dem Empfinden der Schönheit in der Kunst zum Empfinden der unendlich größeren Schönheit in der Natur hinüber geführt" werde.

Ein Gang durch die *13 Wässerli* konnte nun zu einer Natur-Farb-Sammlung werden: Das Violette der Blüte einer Tollkirsche, deren Kelchgrund sein eigenes Gelb hat – und daraus wird der Schwarz-Hochglanz der giftigen Fruchtkugeln; die Namengeber müssen sich was gedacht haben, als sie dabei auf die Bezeichnung *Bella Donna* kamen: eine gefährlich *schöne Frau.*

Nach und nach gesellt sich Storchschnabel dazu; die Wiesenmöhre breitet ihre weißen Rund-Dächer aus; Hahnenfuß sprenkelt sein Gelb wie Tupfen hinein und die Waldplatterbse spendiert ihr changierendes Violett-Rosa; ihr Zart-Weiß bieten die Rosentellerchen der Walderdbeere an.

Eines Tages erschienen die angeschwollenen *13 Wässerli* wie ein mächtiger Überfluss-Flusslauf ...

ÜBERFLUSS-FUSSLAUF

Nochmals Jahreszeiten überspringen

Wenn sich im Herbst die Schoten des Springkrauts zu einem Sichelbogen wölben, so zur Reife gespannt, dass die leiseste Berührung genügt, dann springen sie auf, um sich ihrer Samen zu entladen.

Sahen wir sonst schon einmal ein so lichtes Zartblau von Kugelköpfen einer Distelart, deren stachelbewehrte Blattenden den Kontrast dazu bildeten?

Auch an verschiedenfarbigen Baumpilzen mangelt es nicht.

Dazu an feuchten Tagen die Farbnuancen der Nacktschnecken: vom hellen Rehbraun bis zum trockenen Schwarz, vom Rotbraun bis zum Blaugrau.

Urwaldartig mutet abgebrochenes Holz von Bäumen an. Bizarr manch zersplitterter Wurzelstock.

Der Weg ist zwar durch eine Markierung ein paar Mal gekennzeichnet, doch scheint er wenig begangen – nur höchst selten stießen wir auf Hufspuren von Reitern, ein andermal auf profilstark geprägte Schlangenlinien von Mountain-Bikes.

Wie konturenklar unheimlich konnte das nun nur noch Scherenschnittschwarze anmuten, wenn wir einmal spätabends mit unseren gar nicht mehr so jungen zwei Kindern in die *13 Wässerli* gingen.

Sie erlebten den nächtlichen Wald überhaupt nicht mehr als unheimlich.

Das Bächlein glänzte wie ein silberner Ariadnefaden.

EIN GRÜNWUCHS-UFER BEGLEITET

An einem Ersten Mai

An einem 1. Mai schaute uns eine Gruppe von Wanderern recht unerfreut an: als hätte uns jemand ihr alleiniges Weggeheimnis verraten.

Ein Bauer wirkte seinerseits verstimmt angesichts unseres Nürnberger Autokennzeichens: als ob wir wie Wanderweg-Propagandisten aus der Stadt ländliche Geheimweg-Räubereien empfehlen würden ... Doch als wir Neidhardswinden, unser *Eidertschwing,* als unseren eigentlichen Herkunftsort angaben, da schien er beruhigt.

Hummel-Distel

Neulich erzählten Eberhard und Ursula, ein Nürberger Paar, mit dem wir seit Langem befreundet sind, dass sie auch die *13 Wässerli* kennen: „Mit einer Wandergruppe trafen wir uns einst in Siedelbach, folgten dem Bachverlauf bis zur Mittelmühle, gingen am Ulsenbach entlang bis Wilhermsdorf und kehrten in einem Laubendorfer Wirtshaus ein, wo es eigens für uns vorzüglichen Schweine-Braten gab – das gefiel uns so sehr, dass wir dann oft am Ersten Mai diesen Weg gingen. Jetzt können wir nachempfinden, wenn Peter Handke von einem *geglückten* Tag schreibt."

IN EISWEISS VERWANDELT

Zugeschneit im Spätwinter des Jahres 2001:
Da nahm eine verrückte Idee Gestalt an

Ein Einfall zündete, und schon loderte das Strohfeuer eines Plans auf: Wir wollten fortan diesen Bach im Wald in seinen Jahresgezeiten erobern – und ihn porträtieren: für ein eigenes Bilderbuch.

Mit einem Notizbuch begannen wir das Forschungsprojekt *An einem kleinen Bach im Wald.*

Mindestens einmal im Monat wollten wir einen Bilder-Fang-Gang machen.

Der Bach müsste aus niedriger Höhe fotografiert werden, so dass ein auffaltbarer Leporello mit Luftaufnahmen seinen ganzen Verlauf zeigte.

Dabei hätten wir freilich die Positionen der Kamera genau zu markieren, um den Bach im Wald zu allen vier Jahreszeiten an jeweils denselben Stellen zu dokumentieren.

Aber bräuchten wir uns denn so einem System-Zwang zu unterwerfen?

Jedenfalls müssten wir unseren Bayreuther Pflanzenkenner und Freund Erich Walter herbeilocken, damit uns der die hiesige einheimische Flora benennen könnte. Er war ja auch sachkundiger Mitarbeiter der zweibändigen *Regnitzflora*, die in Oberfranken erschienen ist.

Gewiss würden wir zudem alle hier vorkommenden Land- und Lufttiere nachweisbar verzeichnen.

Und wie wäre es mit einer Klangkarte? Wo murmelt, wo rauscht, wo sprudelt, wo plätschert der Bach?

Wäre dem Buch nicht gleich auch eine CD beizufügen?

Und wie wär's mit besonders schönen Bach-Gedichten – zum Lesen angebracht an den 13 Furt-Stellen?

Nun kam die Frage nach der Fotografie: Zuschlag für die *Schwarzweiß-Partei* oder für die *Color-Partei*?

Pattstellung!

Beides sollte doch möglich sein!

Während ich für Detailfotos plädierte, pochte meine Frau auf Abbildungen, die den ganzen Bachverlauf so zeigten, dass man sich zumindest das streckenweis Ganze vorzustellen vermöchte – mit Steinkaskaden-Treppen und mit sund-flachen Ufern.

Wie wäre das Großartige, mit seiner bescheidenen Kleinheit in seiner unsensationellen Vielfalt so darzustellen, dass man im geplanten Buch mehr sähe als nur sein dokumentarisch-getreues *So-klein-ist-es*?

Irgendetwas Verfremdendes müsste aus dem Nur-Fränkischen etwas brasilianisch *Amazonas*-Artiges machen …

Man sollte beim Bilderanschauen meinen können, dass wir an einem Wildwasser waren, das auch etwas *Nil*- oder *Niagara*- oder gar *Kongo*-Ähnliches aufzeigte …

Auch wenn wir nur unsere *Donau* näher kannten – an fernen exotischen Flüssen böten sich neben dem oberitalienischen *Po* doch auch *Ganges, Wolga* oder gar Mekong an …

Also etwas anderes in diese Bachlandschaft einbringen, so dass der mikroskopische Detailblick eine verfremdende makroskopische Perspektive bekäme …

Wir wären alsdann an einem kleinen Bach im Wald – manchmal urwald-groß …

„Hier setzen wir unsere *Ostheimer*-Tierfiguren ein!“

Dieses kinderhand-freundliche Holzspielzeug muss schon vor Jahren auf den Markt gekommen sein – und es markierte eine Wende insofern, als es endlich wieder Alternativen zum billigen Plastikramsch für Kinderhände anbot. Mit den ersten dieser Holztiere – Eisbär, Kamel, Giraffe, Braunbär und Löwe – spielte schon unsere 1972 geborene erste Tochter gern. Margarete Ostheimer, die Firmeninhaberin, hat von 1959 bis 1995 die *Ostheimer Holzfiguren* maßgeblich geprägt.

Diese *Ostheimer*-Tiere machen jede Tiergestalt mit eindeutigen Wesenszug-Merkmalen deutlich. Sie sind handlich und abstrakt zugleich. Jedes Tier wird in einer Serie aus Holzscheiben in klaren Umrissen herausgeschnitten, und diese gleichmäßige Flachheit wird durch zweierlei Bearbeitung körperlich und zugleich individuell: die Ränder sind abgeschliffen, sodann kommt Handbemalung hinzu. Sie sind individuelle Gestalten. Inzwischen weist das *Ostheimer*-Programm beinahe schon den Reichtum von *Brehms Tierleben* auf.

Auch unser Bestand an *Ostheimern* ist im Laufe der Jahre gewaltig gewachsen. Da kam die ganze Menagerie für einen stattlichen Bauernhof zusammen; herrlich ist die Schafherde für die eigene Krippe, samt dazugehörigen Personen.

Längst nach der Kinder-Spielzeit kamen weitere, ganz exotische Figuren hinzu. Auch wenn zuweilen die Proportionen, zwischen Elefant und Truthahn beispielsweise, in echt nicht ganz stimmen: Ich mag diese Holzfiguren – wie Plastiken von Tier-Bildhauern.

Etliche schmücken als Fernwehwecker meinen Schreibtisch: Gazelle und Steinbock, ein Indianerbüffel samt Indianer zu Pferd mit dazu passendem Kanu. Im Vergleich zu meinem Kranich wirkt mein Salamander wie ein Riesenreptil – und doch harmonieren sie prächtig miteinander.

Inzwischen hatten wir ja die ganze Menagerie für einen selbstgebauten klassischen Bauernhof beisammen: Rinder, Kälber, Stiere, Pferde, Gänse und Hühner, Ziegen und sogar zwei Aischgründer Störche, und Tauben obendrein; sogar an Schwänen, Hunden und Katzen fehlte es nicht. Zu den *Ostheimer*-Krippenfiguren gesellte sich eine wachsende Schafherde mitsamt Heidschnucken – selbst Palmen und Zypressen sowie einen Herbstbaum hatten die *Ostheimer* ersonnen.

Wie die Gestalt vom orangerot-schwarz gestreiften Tiger zu einem einzigen Tigersprung wird …

Und wenn der Lappenschlitten mit Rentieren und den eisblau und rot bemalten Nordländern bei uns auf dem Tisch steht, dann ist wirklich tiefer nordnorwegischer Winter. Sie erinnern mich an meine einmonatige 1976er Norwegen-Vorlese-Reise, wo ich die in blauer Tracht gewandeten *Samen* aus dem nördlichen Lappland in der Nähe von *Tromsjö* gesehen hatte, samt ihren Rentier-Herden. *„HallalalooleiHallalaloo …“* klang es aus einem ihrer Lieder.

Und immerzu fehlt noch was … Ach, die eleganten Zebras oder das seinen Kopf anmutig nach hinten wendende Hirschkalb … Und wie erfreute mich einmal zum Geburtstag die jüngste Tochter mit einem selbst gebastelten Adlerhorst, worin eine vierköpfige Weißkopfadler-Familie aus der *Ostheimer* Fertigung saß. Im Ornithologen-Deutsch *hudert der Terzel die Jungen:* das Männchen schützt mit seinem Gefieder.

Wenn wir diese *Ostheimer* mit an unseren Bach nähmen: Ihre suggestiv andere Bezugsgröße würde das unscheinbare *Rangau-Wässerlein* auf Anhieb zu *Amazonas-, Orinoko-* oder *Kongo*-Wild-Welt verwandeln …

Im überraschenden Januar-Eiswinter, im Märzschnee und im Frühlings-Tauwetter wateten wir mit Gummistiefeln in die *13 Wässerli*-Nil-Katarakte und begannen Szenen zu komponieren.

Wir stellten das Stativ am *Tiger-Kliff* auf:

An einem Steilhang entdecken wir den *Schneehirsch*.

Berittene und Ritter tauchen als *Ufer-Inspektoren* auf.

Am *Kamel-Sund* treffen wir ein verirrtes Kamel, in Begleitung eines Dromedars.

Gleich nach der *Reh-Kiesbank* stoßen wir auf eine *Elch-Karawane*.

Wieder woanders zeigt sich die *Rentier-Furt*.

Stromabwärts rauscht es nur so am *Braunbären-Fall*.

Allenthalben war ja jetzt im Winter gegenwärtig echtes sibirisches *Jenisej-Енисей-Eisbären-Eis* – es könnte auch am *Ob' / Обь* oder an der *Lena / Лена* sein …

Die Steilufer wurden zu gigantischen *Giraffen-* und *Schneeleoparden-Grotten*.

Wir fotografierten die *Gauls-Wiesen-Klamm*, an anderer Stelle tummelten sich *Eis-Staun-Vögel*.

In der *Nilpferd-Wanne* aalt sich so ein Plump-Wesen behaglich – der Nilpferd-Hengst als Rachen-Aufreißer.

Der kleine Bach bot seine Bühne an – und wir verwandelten sie: Unterhalb des *Tigerkliffs* war unser *Orinoko* so tief, dass wir dort im Sommer sogar die große *Ostheimer*-Arche-Noah würden schwimmen lassen können.

Der Bach spielte uns unaufhörlich neue Schauplätze zu und zwischendurch schwemmte er unsere hölzernen Film-Komparsen mehrere Stromkilometer weit flussab-

Bengalische Tiger

wärts. Unser Nilkrokodil ist uns dabei freilich auf Nimmerwiedersehen entkommen.

Wir hatten ja Zeit!

So wie das Wasser im Bach davonfließt: so rasch müssten wir nicht gleich übermorgen wieder zur Stelle sein!

Wir wollten uns ganz viel Zeit lassen.

Lappländische Rentier-Furt

DIE VERGRÖSSERUNGS-MITMACHER TRETEN AUF

Waldbach-Inspektoren

Am Bären-Fall

Hellhöriger werden unsere Ohren und scharfsichtiger unsere Augen

Wieder eine andere Stimmung, wenn wir *einfach so* vom oberen Ausgangspunkt aus nachschauten, ob die *13 Wässerli* in ihrer wunderlichen Gestalt gleich geblieben wären, auch wenn es uns da und dort vorkam, als wäre der Bach auf eigene Faust näher an eine Baumwurzel herangezogen ... Dies wild belassene Fließ-Gewässer ...

Sein Wasser furt-flacht,
es gumpen-trödelt,
es schwemmholz-spielt;
es lässt sich durch Steinkerben trichtern
und durch Laubstau sieben;
es wurzel-buchtet
und steinplatten-gluckst.

Hier ist Wasser tätig
als
Sand-Kämmer,
Wurzel-Entblößer,
Stümpfe-Zernager
und im Winter, mit Eis-Stalaktiten,
der Gefrier-Figuren-Macher.

Das Wasser ist ein *Kling-Grundierer* für die Waldstille, Vertrauen erweckend – mit seinem *Fließ-immerzu, fließ-immerzu und kling-dazu...*

Wie kann da bloß ein angst-häsischer Mensch sagen: „Ällanz gengert' ich nie innern Wald!?"

BEI DER EISZAPFENGROTTE

Schneeleopard mit Spitzbergen-Eisbären

Lapplandfamilie mit Rentieren

verdutzt

Wenn Wald-Bücher nachwirken

Gewiss, ein *Leben im Walde*, von dem der amerikanische Dichter Thoreau träumte, in seinem Buch *Walden,* wird ebenso wenig möglich sein wie ein Leben allein als *Waldgang*, über den Ernst Jünger geschrieben hat.

Aber, wir können auf eine innige Weise für eine Weile Waldgäste sein – und ich weiß da inzwischen Stellen, an denen ich gerne einmal wieder alle Wald-Erzählungen von Adalbert Stifter läse: Seinen *Waldgänger* und den *Waldbrunnen.* Es könnte aber auch eine Passage aus dem *Nachsommer* genügen, worin Stifter vom „allzeit Beglückenden" im Freien schreibt.

Einmal dachte ich an Stifters Schilderung eines Eis-Waldes, in *Die Mappe meines Urgroßvaters*: da schlagen Menschen mit langen Stangen das an die Äste gefrorene Eis ab, um die Bäume vor dem Zusammenbruch zu retten.

In unseren Januar-Eis-Tagen hing eine kräftig wirkende Kiefer wie ein Krummbogen von der Schneelast gebeugt, so dass sie sich wölbte wie ein Drohportal über der kleinen hufeisen-förmigen Wald-Wiese.

Beim Rückweg sah ich unter Fichten, mit Schneehauben beschwert, drei unserer einheimischen Vogelwinzlinge: es waren Wintergoldhähnchen, die da Sämereien knasperten.

Den tief unten fließenden Bach überragend, da lenkte ein dichter Fichtenbestand meine Aufmerksamkeit auf etwas Huschendes – hinter den tiefgestaffelten Hochstämmen: Auf dem Schneegrund die lautlos raschen Sätze eines winterfelligen Rehs, dessen graubrauner Leib kurz am Bach verhoffte, mit spielenden Lauschern, und sich dann oben am Weg sorgsam umsah. Leichtfüßig stand das Tier da, ich rührte mich nicht, und so nahm es mich nicht als Bedrohung wahr. Sichernd und prüfend stand es eine Weile, dann setzte es seinen Weg fort.

Wie angewurzelt blieb ich stehen und sah ein zweites Reh nachfolgen. Diese vorsichtig versammelte Gestalt auf dem Schneeweg: wie wenn dieser Welt nie ganz zu trauen wäre … So also sieht ein Vierbeiner aus, ein Lebewesen, das immerzu auf überwacher Hut ist, mit dem stets wachen Bewusstsein fürs eigene Bedroht-Sein. Eine kleine Bewegung meinerseits – und jetzt sah ich, angesichts der fliehenden Rehe, leibhaftig eine Gedichtzeile von Friedrich Georg Jünger, in Rehgestalt: *„Anmut ist nur im Flüchtigen"*.

Noch im tiefsten Winter plätschert ermunternd der kleine Bach im Wald sein zutraulich stimmendes Wiegenlied fürs Nahbeieinander, mit ungetrübter Vorfreude aufs „morgen wird's wieder ein klein wenig anders sein".

Bald darauf jedoch drängte sich dringlichere Arbeit vor, und wir schoben unser Projekt *13 Wässerli* vorläufig aufs Abstellgleis, wo schon, wie geschlagenes Holz, viele Farbfotos ungeordnet abgelegt warteten – zu Probe-Bildern schienen sie schon zu taugen.

Auch zur Schnitzeljagd luden wir einmal hierher ein

Zwischendurch tauchte ein vergessener Zettel wieder auf: Es galt, einen herbstlichen Kindergeburtstag mit der üblichen *Schnitzeljagd* vorzubereiten – wozu sich die *13 Wässerli* anboten. Entsprechend der Zahl *13* wurden 13 Stellen mit 13 verschiedenen Farben gekennzeichnet und mit 13 Aufgaben versehen. Zur Ausrüstung gehörten ein Lieder- und ein Gedichte-Buch, sowie Fernglas, Fotoapparat, Käscher und Gläser und die obligaten *Samm-Säs,* die Sammel-Säcke für allerlei Funde. Jeder Zettel hatte seine weiterführenden Hinweise im *13-Wässerli-Urwald …*

1 *Zur Begrüßung des Bächleins wäre ein Bach-Gedicht vorzutragen. Gesucht wird nun die 2-Bogen-Röhren-Brücke …*

2 *Eure Lungen brauchen Weitung: Ein munteres Lied wäre anzustimmen. Alsdann zur FURT N° 3 …*

3 *Ihr seid am Bach: Fallen euch 13 Wörter ein, die sich mit BACH bilden lassen? Beim Weitergehen bitte auf Baum-Äste achten …*

4 *Braucht ihr schon eine kleine Stärkung zum Trinken? Im Wasser ist ein kleiner Schatz verborgen (Limonade) …*

5 *Ganz in der Nähe ist ein stehendes Gewässer – darin ist der Bach-Schatz versteckt … Nun geht es weiter an der Fließ-Richtung entlang …*

6 *Könnt ihr hier wenigstens 3 bis 5 Bäume oder Blumen am Bachufer bestimmen? Weiter bis zu einem Seiten-Tal …*

7 *In diesem Seiten-Tal, am oberen Rand, ist ein Fuchsbau: Prüft mal nach, ob er noch bewohnt ist … Dann umkehren und dem Bach stromabwärts folgen …*

8 *Wie wär's an der nächsten Stelle mit einem Stein-Brückenbau? Hier ist die Umkehr-Stelle …*

9 *Ihr habt ja eure Käscher-Netze dabei: Irgendwo sind Fische zum Fangen … Einige Baumstümpfe sind zu suchen …*

10 *Wie würde jetzt ein frisches Lied im Wald erklingen? Die nächste Farbe ist rosa …*

11 *Ach, ihr Faulpelze: Habt ihr denn schon Fotos von einer Furt oder einer Bach-Kurve gemacht?*

12 *Wer ersinnt einen Reimspruch, der auf -bach oder -ach endet? Sind in euren Sammelsäcken denn auch Baumfrüchte und 13 verschiedene Baumblätter? Die letzte Station ist grün bezeichnet …*

13 *Gut versteckt, mit Heimweg-Proviant, dazu ein munteres Heimweg-Sing-Lied …*

Bei der Schatzsuche wartete sogar ein U-Boot

Einmal gingen wir auch zu einer Geburtstagsfeier für unsere Tochter jüngste dorthin, mit kleinem U-Boot zur Tauchfahrt in dem kleinen Winterungsweiher. Eine Drei-Generationen-Familie beisammen …

Wohnt da jemand ganz im Wald?

Eines Tages wollte ich doch mal nachsehen, ob sich oberhalb der weiter unten vorbeifließenden *13 Wässerli,* in der Weiher-Idylle mit dem Herz-Wald-WC-Häuslein, inzwischen etwas verändert hat …

Zum U-Boot-Suchen

Winter-Fantasien zaubern Sommer-Stunden herbei

Als uns der Januar 2002 bis zur eisigen Schnee-Weißglut reizte, da gastierte bei den *13 Wässerli* der große Eis-Farn-Herbeizauberer.

Und wir wurden dabei zu *Schlender-Gehern,*
zu Brombeer-Gerank-Zerkratzten,
zu Regen-Getrommel-Gern-Ertragenden,
zu Rinn-Geräusch-Lauschern,
zu Vielfalts-Sammlern,
zu Einmaligkeits-Bewunderern.

Mitten im Winter entsann ich mich eines sommerlichen Regentages, an dem die Bäume das Windschroffe der Regenschauer milderten. An diesem Tag beschauten wir mit besonderer Aufmerksamkeit die Vielfalt der Waldränder. Dazu zeigten sich die ersten Vorboten eines reichen Pilz-Herbstes.

Behaglich saßen da eines Tages die Eigner jenes ersten Fischteiches, wo das Herztürchen-Häuslein steht – und sie schmausten Selbstgebratenes.

Und was für gute Vorsorge hatten sie selbst für den Eiswinter getroffen: Die kleineren Teichlein, die Fischwinterungen, mit Maschendraht gut geschützt, und das starke Quellwasser so gut in den großen Teich geleitet, dass Enten ihre eisfreien Schwimmflächen hatten.

AM OBEREN WALD-WEIHER-IDYLL

Natur-Kühlschrank – im Quell-Zufluss

Abfluß hinab: in die 13 Wässerli

Der Zufluss zum großen Oberen Weiher

Zeit vergeht, viel Zeit verging – aber die *13 Wässerli* behalten ihre Anziehungskraft

Geraume Zeit später hatte ein Sturm gewütet, Stämme lagen abgebrochen quer. Der Bachverlauf selbst schien nahezu unverändert.

Jahre später war an der ersten Furt ein neuer Zu-Weg angelegt für Holzabfuhr; so bekam einer der Bögen des Baches eine Steinmauer als Uferbefestigung.

Wir zauderten, ob wir mit dem Bach-Bilderbuch überhaupt weitermachen sollten.

An einem Frühsommertag im Jahr 2012 waren die Münchner Enkel wieder da; denen sollte ich doch unseren heimischen Urwald zeigen ... Kaum dort, setzte starker Regen ein, aber es gab echte Walderdbeeren zu naschen. Im Gussregen, die Enkel auf den Schultern, wateten wir, Schwiegersohn Thomas und ich, zurück: wie Christophorusse.

Als ich im Spätherbst wieder kam, lachten mich üppig behangene Brombeersträucher an. Auf dem Weg zum einstigen *Bärenfall* und zum *Tigerkliff* fielen mir ungewöhnlich viel zweifarbige Pilze auf. Das Bären-Felsen-Kliff schien wie weggespült.

Der kleine Winterungs-Teich war inzwischen verlandet; eine neue Schonung angelegt in einer aufgerissenen Schneise – Verformungen da und dort, doch das Herbst-Licht rund um einen stattlich herangewachsenen Ahorn im Bachgraben bestätigte, dass seine Bezauber-Kraft weiterwirkte.

Im Juni 2012 begaben wir uns erneut in den tiefen Zauberwald: Die jüngste Tochter ließ nun als Tante meine beiden Münchner Enkel in einem Wurzelversteck einen besonderen Schatz suchen – vielleicht werden sie sich später daran noch erinnern: an den „tiefen“ und „hohen“ Wald.

Nürnberg, am 28. März 2014

ÜBER FURTEN RÜBER UND NÜBER

Keuper-bunt

AB UND ZU GERN IM ORT SIEDELBACH SELBST

Der Autor mit Georg Kraus und Norbert Haubner

In Hermanns Schafkopfrunde

Eines Tages sagte jemand: *„Am Samstagabend trifft sich im Siedelbacher Wirtshaus immer eine Schafkopfrunde – da kannst sicher mal mitspielen …"*

Wer die Wirtshaustür aufmacht, vernimmt einen Klang, dann steht er im Eingangsflur und gleich rechter Hand die Tür zur Wirtsstube; die hat einen runden Tisch, einen rechteckigen linkerhand und an der Rückwand zwei weitere Tische; wie aus einem Schlupfloch tritt Willi, der Wirt herein, und schaut hinterm Bier-Zapf-Tresen zu den Hereinkommenden.

Der Hermann aus Siedelbach ist schon da, die Roselinde aus Wilhermsdorf kommt dazu, dann lässt sich der Georg neben dem Hermann nieder, und ehe der *Buckbauer*-Hans eingetreten ist, wird mir schon ein Eckplatz zugewiesen.

Der Wirt bringt die Geldschüsselchen und legt ein Schafkopfspiel auf den Tisch. Jeder setzt, als Obergrenze 5 Euro ein, in kleinen Münzen; 5 Cent sind der Minimal-Gewinn oder Verlust. Zu meiner Überraschung stellt er mir einen Aschenbecher hin, und der Georg sagt einladend: *„Bring mal einen g'scheitn Duft herein und schür deine Pfeife an!"*

Es wird gemischt, abgehoben, gegeben: jeder bekommt zweimal vier Karten: *„Des is der der haint ä Blatt! …"* Jeder ordnet seine acht Blätter – vermutlich nach seinem System. Dann vernahm ich: *„Also Bettel spieln wir kann! Und* *än Schieber-Ramsch ah net! Wenn kanner spielt, dann muss der Alte!"*

Erste Grundregeln prägen sich ein.

Das Mischen hat etwas von spannender Zauberei. Allmählich kann ich an den Gesichtern der Mitspieler ablesen, ob einer spielen will oder lieber die anderen zum Zug kommen lässt.

Nach ein paar Runden sagte eine Mitspielerin mit etwas vorwurfsvollem Unterton: *„Tust schon wieder färbeln …"* Wenn ich also zu viele Karten einer Farbe nacheinander ausspiele, wird das wohl verkehrt sein …

Ich lernte dazu, und jemand anderer schaute mich an und gestand: *„Ä weng unorthodox spielst scho!"*

Damals vernahm ich diesen Grundsatz vom *Buckbauer: „Wenndst net verliern kannst, brauchst gar net mitschpieln!"*

Halt! Halt! Es muss schon ein Jahr früher gewesen sein, da holte ich den todkranken Konrad aus unserem Dorf ab und fuhr ihn zum Schafkopfen nach Siedelbach. Bald danach war er tot. Indes: der Samstag-Schafkopfabend blieb wie ein Lockruf in meinem Kalender – aber im Winter waren wir ja nicht regelmäßig im Dorf.

Als ich wieder einmal zu dieser gleichbleibenden Runde dazu stieß, erzählte einer: *„Der Buckbauer, natürlich ohne Motorradhelm, hatt' si sein Jagdgewehr umg'hängt und is so in sein Revier g'fahren – da hat ihn die Polizei ang'halten, und er hat umkehren müssen. Wahrscheinlich hat er ä gscheite Straf zahln müssen …"*

Das Schöne an diesem Spiel: Fast jedes Mal ereignet sich etwas Überraschendes: denn wenn auch jeder die Trümpfe genau mitzählt, es kann einer zum Schluss doch noch einen Übersehenen aus dem Ärmel schütteln …

Jedes Spiel ein Neubeginn – und manchmal die zu späte Einsicht, dass du selber eine Karte zu früh oder zu spät ausgespielt hast.

Dieses Miteinander-Spielen ist wohl ein Wettkampf, aber kein Wettstreit – zu allererst ist es *Spielen.*

Hätte ich eines Samstagsabends die Bibel mitgebracht und aus *Sirach 32, 15* vorgelesen: *„Eile rasch heim in dein Haus, dort erheitre dich, dort spiele und tu, was dir in den Sinn kommt."* Da hätte vielleicht der Georg gesagt: *„Du weißt des, daß ah sowas in der Bibel schteht – abber Schafkopf wern's damals no net g'spielt hamm ..."*

Einmal hätte ich beinahe Hugo Rahners Buch *Der spielende Mensch* mitgebracht und aus des Theologen Lobpreis auf den *spielenden Menschen* diesen Satz vorgelesen: *„Denn das ist eine heilende Notwendigkeit für uns Menschen von heute, die wir in die Verzwecktheit des blöden Ernstes oder in die Sinnlosigkeit einer bloßen Diesseitigkeit verstrickt sind ..."*

Vielleicht hätte einer zugestimmt und ein anderer hätte gesagt, dass des „ä wenig kompliziert g'sacht is"; aber wenn dann einer das schmale Buch aufgeschlagen und gleich die zweite Überschrift gelesen hätte – *Der spielende Gott* –, dann hätt' er vielleicht mich halb grinsend, halb ernst angeschaut und dann etwas unsicher gesagt: *„Steht des werkli in der Bibel, dass der liebe Gott ah schpielt?"*

Vermutlich hätte der Dritte im Bunde gesagt: *„Also, an Gott denk' ich net beim Karttln! Ich schpiel: Herz sticht!"*

Vielleicht hätte eine Mitspielerin gar denken können, ich wolle sie aufs Glatteis führen, und so ließ ich den *spielenden Gott* unerwähnt.

Einmal, als wir vorerst nur zu zweit am Spieltisch saßen, da sagte der Billmanns Hans, der *Buckbauer*, ganz behutsam: *„Godehard, des soll ka Kritik sein! Aber, wenn Du di Ruf hast, dann is des net dej Schpiel, sondern Du musst für den mitspieln, der di g'rufn hat! Also, du musst ihm zeign, was'd hast – und wenn'st ah bloß än klanna Trumpf hast, mit dem sollerst ohfanga!"*

Wundersam nie verletzendes Lernen: Du kannst dazulernen und also auch der anderen Mitfreude steigern.

Gegen 11 Uhr hören wir meist pünktlich auf; dann zählt jeder die Münzen in seinem Geldtellerchen. Bei einem hat sich der Fünf-Euro-Einsatz beachtlich vermehrt; bei mir ist er ziemlich zusammengeschrumpft – nicht mal für die Zeche würde es reichen …

Das hat sich inzwischen erheblich gebessert: Ich bin in ihre Liga aufgestiegen – als ebenbürtiger Partner.

Ich schätze und mag jeden auf seine Art. Auch das schärfste Gegeneinander bleibt ein Miteinander – und einmal hab' ich gegen alle drei mein Grün-Solo gewonnen.

Zur weihnachtlichen Winterszeit erfreut mich jedes Mal, gleich im Flur des Schafkopf-Wirtshauses, direkt unter der Treppe, die auf dem Fußboden alljährlich aufgebaute Krippe, deren Gestaltung wechselt, doch im Kern dieselbe Heils-Geschichte darstellt.

Inge und Willi Sandner

Aus Hilde Schwarzkopfs Garten haben wir den Waldrand mit die 13 Wässerli im Blick

FFW
Siedelbach

Schafkopfen im Einsatzwirtshaus: In Hermann Schwarzkopfs Gartenhaus

Georg Krauss: „Was soll'i mit dem Blatt machen?“

Paul Billmann mit gutem Blatt

„Des war gestern ä schees Spiel!“

Straßen-Saum-Schmuck

Wildsau-Nacht

Bei so einer Schafkopf-Runde kam einmal zu später Stunde der Siedelbacher *Werner* herein, ein Bankmann und passionierter Jäger, der eigens in sein Spessart-Revier fährt, um dort auch Waschbären zu schießen, und der sagte leise, dass er's *g'schossn hat* und jetzt brauche er dem Hans sein' Bulldog und verschwand. Ich verstand nicht, worum es ging. Jedenfalls stand der Angesprochene auf, ging hinaus, und ein *Brunzkartler,* vielleicht war's der Norbert, sprang für ihn ein.

Wir spielten weiter. Es dauerte nicht lange und vor dem Wirtshaus tuckerte ein Bulldog. Wir brachen ab und gingen neugierig hinaus. In des Frontladers Mulde lag, dreckschwarz, eine Wildsau – ein vierbeiniger Klumpen *Nacht …*

Jemand fragte, ob die Sau wirklich ein Keiler sei: *„Die Stoßzähn senn ja recht klaa!"* Da griff der Jäger zwischen die Hinterläufe und hob den Hodensack hervor.

Jäger und Frontlader-Fahrer fuhren zum Anwesen vom *Buckbauer;* wir anderen brachten die Schafkopf-Runde zu Ende und liefen dann ebenfalls hin.

Es ging auf Mitternacht zu. Nur des Traktors Lampen leuchteten.

Die Sau hing an den Hinterläufen, aufgehängt am hydraulisch hochgehobenen Frontlader-Gestänge.

Die nun riesig lang wirkende Sau war in der Unterleibsmitte aufgeschnitten. Der dreckschwarze Fellmantel sperrangelweit offen: für das Nackte-Innen.

Die Beteiligten arbeiteten mit Händen und Messern so hurtig, als wären sie Wilderer, die im Eiltempo ihre Beute in Sicherheit bringen müssten. Ein paar Taschenlampen machten es jetzt etwas heller.

Ich sah etwas, das ich so noch nie gesehen hatte: Das Leibinnere des Keilers glich einem Gemälde von Lovis Corinth: dem *geschlachteten Ochsen.* Vor dem 1905 gemalten großformatigen Bild war ich einmal in der *Ostdeutschen Galerie* in Regensburg gestanden: wie wenn noch Blut herabperlte ... Hier tropfte wohl auch noch Blut, aber das war für mich eine *Farb-Blas-Musik*: Dunkelrot die Leber. Bläulich verschlungene Innereien. Hellrot die Lunge – alles miteinander verwachsen und zugleich als Einzelteil herausschneidbar.

Die kundigen Griffe der Organ-Zerteiler faszinierten mich ebenso wie die Farb-Polyphonie im vollständig noch einsehbaren Körper und das Wenig-Reden dabei. Auch die Blutlache funkelte in einem Rot-Glanz – *„wie gemalt!" sagte eine Frau.*

Bald war des Schwarzkittels borstig braunschwarzer Haut-Haar-Mantel ausgeräumt, so dass man seine Decke sich als Wintermantel hätte umhängen können, wenn das Fell schon gegerbt gewesen wäre. So eine Nacht-Leib-Schau konnte wohl nur ein Maler wie Lovis Corinth darstellen – mit seinem Farb-Sinn für Farbzusammenspiele im Tier-Inneren. In seiner *Selbstbiographie* schrieb er: *„Die besten Beziehungen hatte mein Vater mit Fleischern ..."*

Der aus Tapiau in Ostpreußen stammende Maler (1858–1925) hatte als Junge *„in dem Pferdestall meinen Freund, den neu gekauften Hengst, allzu genau angesehen ..."* Eine Stute kam dazu .... *„Alsdann wurden die Tore des Hofes fest zugesperrt. Das übrige wurde mir aber aufs strengste vorenthalten ... Ich hörte dann den Hengst wiehernde Laute herausstrompeten, und es war mir so rätselhaft, daß ich das Schauspiel auf alle Fälle sehen mußte ..."*

Das nächtliche Schauspiel des Zusammenspiels der Wildsau-Organe offenbarte mir auch ihre Farbkraft, um die kräftige Tier-Gestalt überhaupt in ihrer sinnvollen Schönheit einmal von dieser geöffneten Innenseite her zu erleben.

Die nachfolgende Organ-Trennung verriet unbefangen zupackendes Handwerk. Ich hatte den inneren Schön-Zusammenhang unmittelbar nach dem Todesschuss zum ersten Mal so zu Gesicht bekommen. Organe – wie ein Symphonie-Orchester, und mit dem Kopf als Dirigenten.

Jagd-Nachtrag: zur Schnepfe

Neulich, als Hermann, Paul, Georg und ich zum Samstags-Schafkopf in Willis und Inges Wirtshaus zusammensaßen, da erzählte der Hermann von der Treibjagd vom Vormittag: 12 Hasen hatten die Jäger geschossen, dazu einen Fuchs-Rüden und die Fähe damit – und eine Schnepfe.

Noch nie habe ich einen solchen Vogel gesehen. Hermanns Antwort: *„Normalerweis siehst die am Tag nie, aber die Treiber haben's halt aufg'schreckt …"*

Ich hatte gar keine Vorstellung, wie eine *Schnepfe* aussieht. Der Georg meinte: *„Naja, ä Schnepfn am Straßenrand – so ahnne wirst scho ahmol g'sehng hamm …"*

Scherz beiseite!

Ich musste im *Kosmos Vogelführer unterwegs* nachschauen: Die *„Waldschnepfe ist ein unsichtbarer, taubengroßer Waldvogel, getarnt als ein Stück Rinde."* Die Abbildung daneben leuchtete ein: Wenn so eine Waldschnepfe in einer schlichten Bodenmulde hockt, etwa am Fuß eines Baumes, die hätt' ich bestimmt nicht wahrgenommen.

Nun konnte ich mir den Vogel vorstellen, mit seinem langen, „pinzettenartigen" Schnabel, mit dem er im feuchten Waldboden herumstochern kann. Desweiteren las ich vom „eulenähnlichen Flug" dieses „Dämmerungsvogels", der meist erst kurz vor eines Menschen Schritts auffliegt.

Ihre Balzzeit, der *Schnepfenstrich,* findet zwischen März und Juni statt; dann vollführen Männchen ihre „Hochzeitsflüge" in Baumwipfeln.

Vielleicht begegne ich ja einmal einer leibhaftigen Waldschnepfe im feuchten Talgrund der *13 Wässerli …*

Rehaufbruch

Nach Marie Billmanns Siedelbacher Art

Eines Abends rief mich Hans Billmann an, mein 80jähriger Schafkopfbruder aus Siedelbach: *„Godehard, ich hab' ä Reh g'schossn – willst 'n Aufbruch?"*

Ich hatte zwar eine ungefähre Ahnung, was das sein könnte, wenn ein getroffenes Wild ‚aufgebrochen' wird, aber wie daraus eine Speise zuzubereiten wäre, das wusste ich freilich nicht. Als ich noch verlegen nichts dazu sagte, setzte er fragend nach: *„Soll'in dir vorbeibringa?"*

Ich gestand meine Verlegenheit, und da hörte ich die Mária, seine Frau, sagen: *„Des kannst ihm doch so net bringa!"*

Woraufhin wir vereinbarten, dass ich anderntags den Aufbruch abholen komme – aber mit Bleistift und Notizbuch. Mir war nun klar, dass dieses Geschenk also eine Aufgabe wurde, denn so ein Aufbruch gehört ja nach altem Jägerrecht dem Schützen.

In Siedelbach erzählte mir Hans: *„Ich hab da schon seit ein paar Tag ein Reh g'sehn, und dann bin' i abends naus; an einer Waldecke von der Wiesn is is Reh bald austretn, aber ich hab' mi net schießn traua, weil es hätt' ja no ä Kitz nochkumma kenna … Wie'i sicher wor, no hab'i g'schossn …"*

„Und", fragte ich: „Blattschuß?"

Darauf der Hans: *„Des kannst glei am Herz sehng! Da obn is durch, die Kugel, und hat's ausg'franst."*

Nun wurde der Aufbruch präsentiert: Lunge, Zwerchfell, Niere, Herz und Leber. Zum ersten Mal sah ich ein Zwerchfell. (Nach Helmut Haberkamm ist das der Ort, durch den eine Pointe vom Kopf aus durch muß, um eine echte Pointe zu werden).

Jetzt aber hat seine Frau Márie das Wort …

Maries Rezept für Reh-Aufbruch

1
Zuallererst braucht man einen Dampftopf – das kann ein Schnellkochtopf sein, der sich druckfest verschließen lässt.

2
In diesen Topf kommen zusammen, unzerteilt: Lunge, Zwerchfell, Niere und Herz. Dazu Sauerbraten-Gewürz, Salz und ein Schuss guten Essig.

3
Die Leber erst einmal ½ Stunde in kalte Milch eingelegt, damit das Blut herausgezogen wird. Anschließend die Leber in Scheiben schneiden; manchmal gibt's in der Leber so *Flexen*; diese herausschneiden. Die Leberscheiben in Mehl wälzen und sodann braten.

4
Den Topf mit den ersten 4 Fleischsorten verschließen und ca. 20 bis 25 Minuten kochen lassen.

5
Wenn das weichgekocht ist und ein wenig abgekühlt: in kleine Stücke schneiden.

6
Vom Zwerchfell muss dann zuvor erst noch die Haut abgezogen werden.

7
Nun werden auch die gebratenen Leberscheiben in kleine Stücke geschnitten.

8
In den großen Topf nun Olivenöl & Butter, kann auch Butterschmalz sein, und darin Zwiebeln andünsten, bis sie glasig sind.

9
Jetzt das ganze zusammengeschnittene Fleisch (Bröckerle) hinein, etwas Stärkemehl und Salz dazu; ev. auch etwas Pfeffer. Man kann in das nun noch nötige Wasser zur Saucen-Brühe einen ‚Suppenwürfel' dazu geben – und das solange auf schwacher Hitze köcheln lassen, bis das Fleisch schön schmackhaft zart ist.

10
Zum Abschmecken eine Prise Zucker, ev. ein paar Tropfen Essig.

*

Salzkartoffeln oder Kartoffelbrei schmecken prima dazu. Ein weißer Bacchus-Franken passt ebenso dazu wie ein Spätburgunder-Franken.

*

Ingrid überließ mir die Küche. Alle Ablageflächen brauchte ich. Jeden der 10 Schritte ging ich sorgsam an und ich ließ mir Zeit. Es sollte als Wagnis-Probe gelingen – und beim ersten Kosten war ich überzeugt, dass es mir gelingen wird … Mühelos hätte ich mit meinem ersten Rehaufbruch sechs Personen zum Mitschmausen einladen können …

Als mir Monate später der Jäger Werner Fischer aus Siedelbach überraschend einen neuen Rehaufbruch vorbeibrachte, da war ich meiner Zubereitungssache sicher – nur die entsprechenden Mittafelnden fehlten noch …

Beim Zubereiten fiel mir ein Lebens-Regel-Satz von der Marie ein, die hier zur Welt gekommen ist: *„Heiratst übern Mist – na weißt, was'd kriegst …"*

Anfangs 2019 feierte die langjährige Ortsbäuerin, mit großem Erfahrungsschatz, im Siedelbacher Wirtshaus ihren 80. Geburtstag – nach Klinikaufenthalten mit neuen Kräften: heiter ob der Gemeinschaft mit Plaudern und Kuchen, dazu ihre drei Kinder.

War schon mal einer von euch in der *Forrach-Mühle*?

Siedelbach – mittendrin im Dorf

***E**ins zwei drei vier fünf – strick mir ein paar Strümpf'* – oder schafkopf-andersrum: *Eins zwei drei vier fünf – gib mir noch drei Trümpf!*

In fünf Häusern von Siedelbach bin ich bislang schon gewesen – aus einem sechsten brachte mir einmal ein Unbekannter zwei große Stücke versteinerten, nein, richtiger: versinterten Holzes; er hatte in einem meiner Bücher gelesen, dass ich nie auf den Feldern solche Steinstücke fände, und da habe er mir welche mitgebracht. Ein besonders schönes Stück Erd-Urzeit hat schwarzen-braunen Glanz, auf einer Seite mutet es wie Bernsteinschmelz an, und an einer weiteren Außenseite sind die grauen Adern-Ströme eines Baumstammes zu vermuten. Dieser Dreiklang-Brocken ist rund 20 Millionen Jahre alt, rund 14 cm hoch und hat im Durchmesser ca. 9 cm – und soviel unvorstellbare Viel-Zeit wiegt genau 836 Gramm.

Sie liegen auf meinem Nürnberger Großvater-Schreibtisch. Ihre witterungsgeformte Dauerhaftigkeit zwinkert mir bisweilen zu, wenn ich gar zu ungeduldig bin, und so nenne ich den einen meinen *schönen Zeit-Brems-Stein.*

An dieser Stelle nochmals Dank an Herrn Meth aus Siedelbach!

An einem Siedelbacher Durchfahrts-Straßen-Rand ist eine witzböldische Ehrenwache aufgestellt, die als Blickfang vor jedermann salutiert und bei Fahrzeugen zwitschert: *Nimm's Gas weg!*

Diese Grinsbolde zucken manchmal zusammen, wenn ein Agrar-Ungetüm mit zwei meterhohen Dickreifen hinten und mit zwei etwas kleineren, aber ebenso dicken Vorderreifen, und mit seinem 20.000-Liter-Gülle-Tankanhänger durch den Ort braust, als wär's die Feuerwehr.

Als ich einmal von einem Krankenbesuch vom *Buckbauer*-Hans wegfuhr, da traf ich meinen Schafkopf-Georg beim Hausanstreichen. Er kam vom Gerüst herunter, fragte mich, ob ich Durst hätte, brachte daraufhin ein Glas Most und wir setzten uns auf die Bank in der Ortsmitte, wo ein Obstbaum prächtig fruchtete.

Ich erfuhr vom Georg, dass ihm als Vierjährigem die Mutter verstarb und wie er bald Metzger wurde, obwohl er etwas anderes hat werden wollen. Bei verloren gehenden Schafkopfspielen hellt er die Stimmung mit witzigen Bemerkungen auf, indem er die Niederlage zu einem grandiosen Sieg erklärt – für die Anderen. Und wenn beim Ausgeben die Karten zu arg aneinander-pappen, dann erbittet er vom Willi oder von der Inge Pfeffer – und dann flutschten die Karten, wie wenn sie jetzt Schlittschuhe wären.

Der Schafkopf-Paul bedenkt mich gerne mit seinen grün gestreiften Kürbissen. Als er einmal nur mich und Ingrid an einem Tisch beisammen antraf, erzählte er, wie er als Kind sein eines Auge beinah ganz verloren hatte. Ein Eisensplitter war ins eine Auge gedrungen; an einem Freitag, und als er dann am Montag erst zum Arzt gebracht wurde, da war das Auge schon hin. Wenn wir also wissen, dass der Paul beinahe als Einäugiger sein Leben besteht, dann werden wir bei einem Fehlgriff nachsichtiger. Eigentlich beschützt ihn das beschädigte Auge, auf dass man in bestimmten Situationen etwas rücksichtsvoller mit ihm umgeht.

Ich mag den Georg und ebenso den Paul. Beider Pranken-Hände bewundere ich: das sind Hände von Tatkräftigen und Zupackenden. Jeder hat seinen Welt-Bereich erkundet. Dem einen reicht's bis Berchtesgaden oder bis zum Gardasee – der andere kann selbstgewiss von Paris, Chartres mit Champagner und von Amerika erzählen. So ereignet sich immer wieder zwischendurch bei uns Welt-Austausch.

Bedacht werden ... Auch das ist eine Lebenskunst. Wenn Schafkopf-Hermanns Hilde aus ihrer Obst- und Blumen-Fülle, also aus ihrem Überfluss, herschenkt, dann denkt sie zumeist zu allererst an uns und setzt sich mit ihrer kostbaren Fracht ins Auto, fährt nach *Eidertschwing,* und wenn keiner da ist, geht sie hinters *Opelhaus* und legt dort ihre Gaben auf die Bank unterm Balkon. Ihre Blumensträuße sind Farb-Jubel-Gebinde.

Als in einem August unser Schafkopfwirtshaus *zu* hatte – verdiente Sommerpause! – da bot uns der Schafkopf-Hermann, ein versierter Steuerfachmann und Jäger, sein Gartenhaus an. So kamen wir auch in den Blumen-Genuss und einmal sahen wir, beim Blick Richtung *13 Wässerli* und bei einsetzender Dämmerung, wie ein Reh aus dem Wald austrat. Der Georg hatte sein eigenes Bier mitgebracht – auch dabei war Spielfreude die eigentliche Gastgeberin.

SIEDELBACH ...

Zum Ortsnamen las ich in *Die Ortsnamen des Aischtales und der Nachbartäler (von Dr. Christoph Beck; Neustadt a. Aisch, Verlag der Ph. C. W. Schmidt'schen Buchdruckerei, 1926)*; darin wurde der Name so gedeutet: *„Siedel hier nicht im Sinne von Sedelhof, das in Schwaben und Franken als Siegel vorkommt, sondern von sieden, siedeln – wallen, quellen bezw. einer Wurzel, die in ‚sickern, seihen' erhalten ist."*

Von meinem Vater habe ich noch aus seinen Neustädter Rektors-Zeiten ein viel benutztes, abgegriffenes Buch, das ich lange links liegen gelassen hatte: *HISTORISCHER ATLAS*

VON BAYERN. TEIL FRANKEN. Heft 2: Neustadt-Windsheim. Kommission der bayerischen Landesgeschichte München, 1953 erschienen.

Beim ersten Durchblättern wurde mir ganz schwindlig, denn ich las vom *Neustädter Unterland*, von *Amtsgerichtsbezirken, Fraischvogteiamt, Dorf- und Gemeindeherrschaft.* Das *Abkürzungsverzeichnis* – von *Adm* über *KDK, Minn* bis *VR* und *W* (= Weiler) – wollte überhaupt nicht in meinen Kopf. Aber da las ich, dass *„entlang der nordostwärts gerichteten Achse der Aisch“* das *„fast ideale Zentrum Frankens“* liege … Diese Aufwertung gefiel mir ebenso wie des Verfassers Bekenntnis, dass *„nur aus einer Summe von Einzelbeispielen das große Mysterium der Territorial-Herrschaften, also der Landeshoheit zu ergründen“* sei …

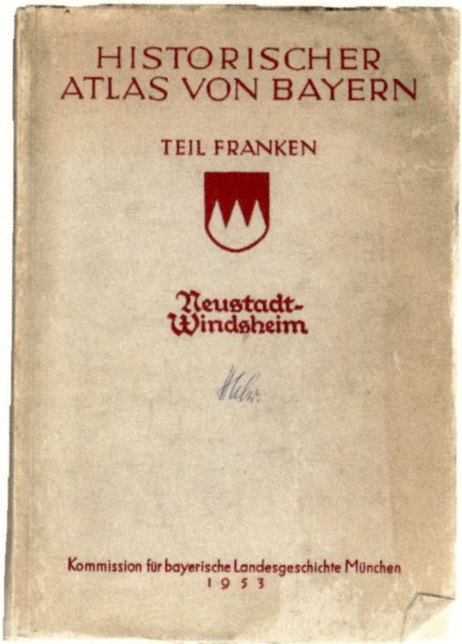

In diesem *Atlas* fand ich unser *Siedelbach* mehrmals erwähnt.

Es gehörte zum *StD*, also zum *Steuerdistrikt Markt Erlbach.* Zu diesem *Siedelbach* zählten anno 1824: *a Blümleinsmühle b Haidt c Kemmathen d Mittelmühle (Forrachmühle) e Siedelbach f Wolfsmühle.*

In diesem aufschlussreichen Register ist *Siedelbach* das einzige *Df*, also ein *Dorf: 1824: Df 14/92 anno 1950: Df 18/161.*

Dieses Dorf muss also zwischen 1824 und 1950 zugenommen haben.

Die Zahlen will ich gar nicht entschlüsseln …

Aber als ich jemanden nach der *Forrach-Mühle* fragte, wusste das keiner; da zeigte ich diesen *Atlas* vor und sagte:

„Ätsch! Die Mittelmühle hieß auch mal die Forrachmühle. Des muss mer aber net unbedingt wissen!“

In der Schrift *Beiträge zur Ortsgeschichte von Markt Erlbach* (*Gesammelt von Tobias Feuerlein*, Selbstverlag, 1930) stieß ich auf die nächste Überraschung: Darin wurde die *Blümleinsmühle* als *Obere Forrachmühle* (1300) bezeichnet und die weiter unten am Ulsenbach liegende *Wolfsmühle* als die *Untere Forrachmühle* (1447); die Zahlen in Klammern bedeuten deren erste urkundliche Erwähnungen. Zwischen beiden *Forrachs-Mühlen:* inmitten die nahe den *13 Wässerli* liegende *Mittelmühle*.

Aber im Historischen Atlas (S. 137) wird unter *Ulsenbach* [KA Neuhof] die *Mittel-* oder *Forrachmühle* erwähnt.

Also dreimal *Forrachmühle* ???

Birnen aus Siedelbach – in einer Kuch-Keramik-Schale

Als der Buckbauer-Hans verschied

Nachruf auf einen Freund

Zur Urnenbeisetzung von Hans Billmann,
Friedhof Markt Erlbach, am Montag, dem 8. Oktober 2018
Aus dem Stehgreif gesprochen

Wenn wir jetzt vor die Urne eine Fotografie vom Hans aufstellten, da würde jeder von uns sagen: „Ja, des is der Hans!“

Aber ein jeder hat sogleich seine eigenen Bilder von ihm vor Augen: wie er über den Hof ging, zum Einkaufen oder zur Jagd fuhr …

In welchen Fremdbildern der Verstorbene von Anderen fortan erinnert wird – das wissen wir nicht.

Es mögen zehn Jahre her sein, da ich ihm zum ersten Mal in Siedelbach begegnete: beim Schafkopfen. Lange danach, als wir nur zu zweit im Wirtshaus saßen, bedachte er mich mit einem guten Rat, ohne mich zu kritisieren wegen meiner bisherigen Spielweise: *„Godehard, wenn Du die Ruf hast, dann is des net dej Spiel, sondern dann mußt Du dem zuspielen, der di g'rufn hat …“*

Heiter wirkte er oft und er konnte sich auch mitfreuen – wenn einem anderen etwas gelang, *„denn, wennsd net verliern kannst, brauchst gar net zu spieln …“*

Das war eines seiner Geschenke an mich.

Eines Tages wollte er mir, nach erfolgreicher Jagd, seinen Rehaufbruch geben … Wie man den zubereitet, wußte ich ja nicht – und ohne Maries Rezept wär' ich hilflos gewesen …

Ein andermal brachte auch er mir vorm Schafkopfen ein Stück versintertes, Stein gewordenes uraltes Holzstück mit: Hans wusste, dass ich selber nie solche Stücke auf den Feldern fand …

Vor rund einem Jahr, da er schon ahnte, was ihm in nächster Zeit gesundheitlich bevorstand, schilderte er mir freimütig, wie es wohl um ihn stehe ... Seine Stimme klang ein wenig weicher als sonst ... Er scheute die Tränen nicht ...

So gut ich vermochte, sprachen wir übers Sterben, über das Unumgängliche; auch um die spürbare Angst zu überwinden, um sich dem Hinscheiden zu stellen ... Ich erinnerte an eine Stelle aus dem Brief des Apostels Paulus an die Römer, dass wir „verwandelt werden" ... Und jetzt ist er verwandelt – zunächst körperlich ... Wozu wir dann verwandelt werden, das bleibt dem Glaubens-Geheimnis vorbehalten: Der *HerrGott* wird sich nicht lumpen lassen.

Für mich zum einmaligen Geschenk wurden die Stunden der vergangenen Wochen, als ich dabei sein konnte, wie sich sein Körper sichtbar verwandelte ... Mit Ingrid waren wir etliche Male spürbar mit ihm ganz nahe beisammen; wir sangen ihm Lieder aus dem evangelischen Gesangbuch vor; ich hatte meine Tenor-Blockflöte dabei ...

Und dann diese große Stunde, als ich dem stumm Daliegenden eine gute Weile zusprach ... Vielleicht hab' ich, seine Wange streichelnd, von seiner gut erfüllten Lebensaufgabe gesprochen ... Manchmal blinzelte er dabei ein wenig ... Diese wundersame Ruhe des Dahingehenden ... Sein Zur-Ruhe-Kommen ...

Es war für mich wie eine Einweihung in das Geheimnis des Sterbens: Dass jeder von uns die Kraft hat, ganz allein über diese letzte *Zollstation* zu gehen – ohne zu sprechen. Wie schön war das lautlose Erlöschen seines Antlitzes.

Tags darauf erfuhr ich, dass er, bald nach meinem letzten Besuch, von dem ich mit Tränen fortging, verstorben ist. Alsbald blickte ich in das Antlitz eines Menschen, der mir zum Freund geworden ist, der seinen Lebensweg vollendet hat: Wie eine verschlossene Steinfigur – nun im offenen Sarg, das Leben abgeschlossen, tod-schön: ein erfülltes Leben – mit allen Reibungs-Kratzern des Ehe-Alltags ...

Er hat sein Leben bestanden – und welche Kraft muss zwischen ihm und seiner Marie im Laufe der langen Ehejahre herangewachsen sein: so dass ich überzeugt bin: Die Zwei hatten etwas von der *Unerschütterlichen Ehe*, von der Max Picard, ein deutschsprachiger Schriftsteller, in einem seiner Bücher so zuversichtlich geschrieben hat.

Das Geheimnisvolle des Sterbens und des Todes offenbart, dass wohl jeder seine Geheimnisse hat – auch in dem, was er tat und eben was anderes nicht.

Für all das, was Du mir, und, wieder anders, den anderen, geschenkt hast: Danke, lieber Hans! Und jetzt kommt es auf uns an, dass wir die Freundschaft zu Dir auf deine Marie übertragen.

WILLI SANDNERS ENKEL AUF 13-WÄSSERLI-EIS

Johanna und Aron
Gast-Fotos von Willi Sandner

Januar 2017

Lieber Willi:
Besten Dank für deine freundschaftliche Überlassung und Mitwirkung!

Neuer Siedelbach-Magnet: MIT KÜHEN

Eines Tages traute ich meinen Augen nicht: Auf dem Weg in *die 13 Wässerli* erblickte ich auf der Anhöhe westlich von Siedelbach eine stattliche Rinderherde. Das war keine Fata Morgana! Denn sogleich dämmerte mir: Vor dem Anwesen von Siegfried Humann lädt ja das Schild ein zu *Ferien auf dem Bauernhof* ... Seit längerem stehen dort gemütliche Ferienwohnungen und Appartements zur Verfügung – und sie erfreuen sich regen Zuspruchs. Von fernher kommen Familien mit Kindern, und die können sich am Kräutergarten ebenso erfreuen wie an der Gegenwart von Schafen, Ziegen und Hühnern. Eine besondere Attraktion: der morgendliche Ausgang der Rinder von ihrem Stall zu den mit Leichtstrom-Drähten gesicherten Weiden.

Diese *Kuh-Promenade* darf ich nicht vergessen!

Da entsann ich mich einer eigenen Radiosendung, die dann 1989 im Buch über *Uffenheim und sein Gollachgau* erschien, mit Schwarzweiß-Fotografien von Ottmar Fick: *Du Rindvieh! Versuch über die Kuh.*

Manchem werden noch verunglimpfende Redewendungen im Gedächtnis sein: *Du blöde Kuh! Du Hornochse! Der wohnt in einem Kuhdorf! Des war ein Kuhhandel ... Dem seine Sünden gehen auf keine Kuhhaut! Der steht da wie der Ochs vorm Scheunentor! Dort ist's flach wie ein Kuhfladen ...* Spielten wir einst nicht gern *blinde Kuh? Rinderlende* indes steht hoch im Kurs auf manchem Speisezettel und im *Steak-Haus* auf der Speisekarte *(Angus-Rind aus Argentinien!)* ...

Zu bayerischen Almen gehören noch heute Kuhglocken-Geläut und der Almabtrieb mit geschmückten Rindern. In der Bibel hat das Rind seinen Platz: einmal als Zeichen des Reichtums – sodann als Gegenstück *das Goldene Kalb;* in der Krippe darf der *Ochs* neben dem Esel nicht fehlen.

Im Mittelfränkischen gibt's noch das abwertende *Kihbaíerla* und ein Kleinbauer hieß hier einst geringschätzig ein *Kihbriidscher ...*

Indes die Schönheit der Kuhgestalt: die hatte Rembrandt ebenso erkannt wie der deutsche Maler Max Liebermann – *Der geschlachtete Ochse* (1655) des einen hängt im Pariser Louvre, des anderen *Rindermarkt* (1871) oder *Die Kuhhirtin* sind in Museen zu bestaunen.

In einem Grimm'schen Märchen heißt es: *„Und du, schöne bunte Kuh, was sagst du dazu?"* Der Schweizer Dichter Ludwig Hohl bekannte: *„Kuh ist immer großartig."*

Eines sonnigen Septembertages fuhr ich drei Münchner Enkel hinüber zu Siggi Humann, und der nahm uns zum mittäglichen *Almabtrieb* mit. 45 Rinder, zumeist fränkisches Fleckvieh, lagen oder standen auf der eingezäunten Weide, die, bei der herrschenden Trockenheit, vom Morgen schon bis zum Mittag abgegrast war. Die Kinder hatten ihre Freude an dem Bewegungs-Ereignis: Wie sich eine Liegende erhebt ... Wie sie sich nacheinander instinktiv in Bewegung setzen ... Dazwischen ein lautes *Muuuh* ... Die Rinder wissen, wohin sie zu gehen haben und wo sie jetzt das Zusatz-Futter im großen Stall bekommen werden – umschwirrt von Schwalben, die dort an die 20 Nester haben ...

Josias und Aurelia

5
9
4

Wer eine Deutschlandkarte betrachtet, erkennt mühelos, dass wir in einem Waldreichen-Land leben: *Bayerischer Wald, Böhmerwald, Frankenwald, Haardt, Habichtswald, Odenwald, Oberpfälzer Wald, Pfälzer Wald, Schwarzwald, Soonwald, Spessart, Spreewald, Steigerwald, Steinwald, Teutoburger Wald, Thüringer Wald und Westerwald …*

IN DEN WALD

Im nicht weit entfernten *Schußbachwald*

Seltsam, seltsam! Wie das eigene Gedächtnis plötzlich etwas längst verloren Geglaubtes einem wie von selbst zuspielt: Ich hatte nach meinem Radio-Feature zum Thema *Das unbekannte Volk,* über Zigeuner in Franken, die wir inzwischen als *Sinti und Roma* bezeichnen, als neues Radio-Thema *Wald-Menschen* vor Augen – also Menschen, die zwar nicht mehr auf eigene Faust ganz allein im Urwald leben, aber eben doch ein Gutteil ihrer Lebenszeit im Wald, für den Wald und mit dem Wald zubringen …

Ich musste nun an den *Schußbachwald* denken, der zwar zur Stadt Bad Windsheim gehört, aber durch seine Nähe zu Markt Erlbach eben auch in meinem fußläufigen Dorf-Bereich liegt. Nach einer Durchquerungswanderung an einem 1. Mai verschnauften wir am Waldrand; auf einer Bank hockend, da fielen mir bislang unbekannte hellgrüne Keimblätter auf: Ich zog vorsichtig ein Pflänzlein aus der Erde – und siehe da: der zarte Spross war einer Buchecker entsprungen, und aus diesem Samen-Rucksack trieb zugleich nach oben der erste Trieb und nach unten ein ebenso zartes Würzelchen … Unvorstellbar: dass aus diesem Gebilde in einigen Jahrzenten eine stattliche Rotbuche sich entwickelt haben könnte …

Passte das nicht wie gerufen zu meinen *13 Wässerli?*

Und jetzt: Großer Waldgang mit Sven Finnberg

Hier, in unsrer *Kulturwelt,* traf ich mit Sven Finnberg zusammen, der für diesen kommunalen Forst der Stadt Bad Windsheim arbeitet … Wir vereinbarten eine gemeinsame Erkundung in seinem Schußbachwald – für meine *Waldmenschen.* Wir machten uns mit einem geländegängigen Auto auf und stießen alsbald auf einen fruchtbaren Buchenbestand … Unbefangen begann Sven Finnberg ins digitale *BR*-Mikrophon zu erzählen:

SVEN FNNBERG: „*In Buchen-Mastjahren, also des bedeutet, wenn die Buche reichlich Bucheckern trägt, da legen wir dann Netze aus, um die Bucheckern einzusammeln, es geht dann wesentlich leichter, als wenn man sie vom Boden aufklaubt, und dann werrn sie danach von einer Olivenerntemaschine von diesen Netzen abgesaugt und dann werrn die Bucheckern von Blättern und Restlichem getrennt, das wird dann weggeblasen, und dann hat man die reine Buchecker; in Baumschulen werden die dann verwendet zum Säen … Zugelassene Bestände braucht man dazu; des müssen Bestände sein, mit bestimmtem Alter und bestimmter Anzahl von Bäumen, damit die Bucheckern dann geerntet werden dürfen; des kann mer net in jedem Buchenbestand machen, sondern nur in diesen zugelassenen Beständen …*

Wir versuchen ja durch Stehenlassen von Biotopbäumen in unseren Wäldern bestimmten Arten wieder gerecht zu werden, aber davon simmer noch weit entfernt … Ich mein', der Urwald bei uns wär sicherlich, im Schussbachwald, von der Buche geprägt."

Wir waren jetzt in einem Waldgebiet von ca. 580 Hektar … Und so ein Waldmensch verfügt über sein eigenes Auge und Gehör:

SVEN FINNBERG: „*Was ich immer wieder mache: Ich geh dann mal raus … Der Waldkauz oder ich würd' mich mal freuen, wenn ich einen Uhu höre; den hab ich bislang noch nicht gehört, aber der Kauz ruft immer … Mer hört ah ä mol, wenn die Rehe schrecken …*"

Über uns ein Bussard … Der französische Komponist Olivier Messiaen hat *La Buse* vernommen und in seinem *Catalogue d'oiseaux* ihn mit dem Klavier so ins Anhörbare verwandelt … Für später: zum Nachhören!

Der Winterwald hat seine eigene helle Durchsichtigkeit … Das immer wieder neuartige Gehen … Ein Hubschrauber fliegt über uns …

SVEN FINNBERG: „*Wenn der Schnee frisch gefallen ist und so als Erster diesen Weg zu laufen, des find ich ja als was, des is für mich immer ä besonderer Genuss: da durch den Schnee zu laufen… Die Spur zu setzen … Des find' ich ah als was Besonders."*

Erst das Erzählen von Sven Finnberg macht dieses Stück *Waldmenschen-Wald* transparent: für seine Tiefe, für seine Bedeutung, seine Bildkraft und obendrein für seine und also auch unsere Zukunft … Einen Wald umgestalten …

Da tauchte ein mir neuer Begriff auf: es ist die Rede von der *Kielwasser-Theorie*.

SVEN FINNBERG: *„Wenn wir naturnahen Waldbau betreiben, dann kommen im Kielwasser von diesem Anbau alle anderen Arten nach – so dachten wir, und des is aber leider nicht der Fall ... Des musst' mer in die letzten Jahre auch erst lernen: Des is viel komplexer … Die ganzen Abläufe in der Natur …*

Der Baum da, der bleibt stehn und dient halt dann verschiednen Käfern und Pilzen und Hornissen als Lebensraum … Spechte hammer … alle Spechte: Mittelspecht hammer, den Kleinspecht, Schwarzspecht, Grünspecht, Grauspecht – und in der Gräf, bei Bad Windsheim, hammer auch den Wendehals …"

Unter Adalbert Stifters Büchern, zwischen *Waldbrunnen* und *Waldgänger,* erzählt der Dichter in seinem *Hochwald,* wie sich ein paar Menschen während schauriger Kriegszeiten wahrhaftig im *Hochwald* in Sicherheit verbergen konnten …

Wir indes sind jetzt in einem *Mittelwald …*

SVEN FINNBERG: *„Der Mittelwald verjüngt sich sehr viel: Die Laubbäume sind in der Lage, von unten auszutreiben; das ist reine Brennholzwirtschaft … Der Mittelwald ist eigentlich durch seine besondere Artenvielfalt außergewöhnlich: in der Gräf, auf über 100 Hektar, an die 750 Großschmetterlinge kommen da vor … Also in der Windsheimer Bucht simmer etz bei rund 475 xylobionten Käferarten, des sind Käferarten, die als Nahrung oder Lebensraum auf Holz angewiesen sind …*

Wir haben da auch Arten, so wie den Maivogel – da gibt's nur zwei Vorkommen in Bayern und da haben wir eben eins, hier in der Gräf …

Etz fahrn mer durch den Lenkersheimer Rechtlerwald ... Des is so wie in Franken üblich: Dies ganze Rechte-System ist ziemlich kompliziert, aber Jahrhunderte lang bewährt ... und eigentlich ah für den Frieden in der Ortschaft, wenn mer doch ä gewisse Gleichberechtigung hat ... Und da muß einer dem andern um nix neidisch sein ..."

Wir fuhren ein Stück weiter und schritten durch Sven Finnbergs lichten Laubwald.

SVEN FINNBERG: „*Mer sieht ja hier überall diese Bohrlöcher ... Und da gibt's verschiedne Käferarten, die sich darauf spezialisiert haben, auf diesem Zunderschwamm ihre Eier abzulegen und da drin zu leben ... Bevors die Zündhölzer gab, hat mer ja mit Zunderschwamm oftmals sein Feuer entfacht – und da gab's Wälder, die ham vom Verkauf vom Zunderschwamm gelebt ...*

Wir sind jetzt hier in unserm Naturwaldreservat; des sind knappe 50 Hektar Wald, die komplett aus der Nutzung genommen wurden, also da findet keinerlei forstwirtschaftliche Nutzung mehr statt auf dene 50 Hektar ... Und des wurde am 6. Juni 2005 eingeweiht ..."

Ich unterbrach ihn: „6. Juni – das ist der Geburtstag von Thomas Mann!" (*1875) ... In seinen Tagebüchern hat er über Jahrzehnte seinen „Waldgang" (mit K., seiner Frau Katja) verzeichnet; und wenn er auch nie ein Wort über den jeweiligen *Wald* aufschrieb: Thomas Mann ist, wie eben diese *Jachtal*-Buche, eine herausragende Gestalt: ein Solitär wie im *Wald*, also im vielköpfigen Ensemble der Literatur: einmalig und auf immer zu merken: „*Es gibt keine ideale Form des Baumes; jede Art trägt ihre Idealität in sich. Wäre dem anders, so würde es in der Kunst keinen Stil geben.*" Das schrieb Ernst Jünger als Mit-Autor in Wolf-Jobst Siedlers Buch *Bäume.*

SVEN FINNBERG: „*Des is unsere Jachtal-Buche, der Baum* überragt alle ... *Die Krone von diesem Baum ist schon eine unserer Größten, die mer do hamm ... Diese Mittelwald-Wirtschaft: Da hamm die Altbäume tief angesetzte Äste .... Hochwald, wo die Bäume oft so eingeklemmte Kronen hamm und schmale Jahresringe, da hamm diese Bäume breite Jahrringe …*

Wenn mer diese unterschiedlichsten Baumformen, wenn mer diese schrägen Bäume da so anschaut … Meine Tochter, meine Mittlere, die hat immer nach Kletterbäumen gesucht, und da hab ich mir gedacht: beim normalen Durch-den-Wald-Gehen, da hab'i auch vorher nie darauf geachtet – aber, auf jeden Baum klettern … Hab' dann den Wald mal nach Kletterbäumen abgesucht: auf diesen Baum könnte man da jetzt raufgehn …

Walderleben geht schon los mit ner Schulklasse: wemmer ne Schulklasse hat, mit dene barfuß durchn Wald läuft, da merkt mer, wie des für viele Kinder äußerst schwierig ist … Erstens ämol bis sie ihre Schuhe ausziehn und dann auch noch die Sockn … eigentlich … Naja die Schuh ausziehn …"

»Aber mer könnert ja auch mit die Sockn laufn …« sagt ein Schüler.

„Nein! Ihr müßt eure Sockn auch ausziehn! Und bis dann wirklich Schuh und Sockn ausgezogn sind …

Ja, es gibt da immer wieder welche, die schaffen des nicht … Die können da nicht barfuß laufen durch den Wald …

Und wemmers dann machen: für die, die da mitlaufn, die sind dann total begeistert … Aber diese Stille zu genießen, grade bei dritte, vierte Klassen, und dass sie dieser Hektik dann entfliehen, diesen vielen Eindrücken, die mer ständig um die Ohren hat, einfach im Wald aufm Boden liegen …"

*

Der amerikanisch-französische Schriftsteller Julien Green hatte in seinen Tagebüchern, von 1926 bis 1998 reichend, stets seinen Gottesbezug zum Thema gemacht; ihn zeichnete ein besonderes Ohr für das Lebensgeleit durch Musik aus; für ihn war es Johannes Brahms, der *den deutschen Wald* zu Klavierklängen verwandelte: *„Brahms … Seine Musik … Die Melodien, die sie singt, woher kommen sie? Sie sind Magie, es ist der Wind, der in den Bäumen rauscht …* (25.08.1972)"

„Brahms … Nur Wälder … Ich verstehe sehr gut, was Strawinsky sagen wollte: ‚Brahms ist Tweed.' Tweed, weil unverwüstlich und geeignet für schöne Wanderungen durch Feld und Wald … (11.01.1974)"

Zuhause legte ich mir eine CD auf: Hélène Grimaud spielte Brahms' *Intermezzo …*

*

Erst geraume Zeit später entsann ich mich der *Sage,* die berichtet, wie der *Schußbachwald* in den Besitz der einstigen Freien Reichsstadt Windsheim kam; ich fand in Alfred Kriegelsteins *„Sagen Legenden Geschichten aus Mittelfranken": Der geschenkte Wald.*

„Drei Jungfrauen hatten sich einst im Wald verirrt und fanden nicht mehr nach Hause. Als am Abend die Glocken der Windsheimer Kirchen zum Gebet läuteten, liefen die Frauen dem Klang nach, fanden aus dem Wald heraus und waren gerettet. Zum Dank schenkten sie den Bürgern den achthundert Morgen großen Schußbachwald. Viel später wollte der Staat einmal diesen Wald haben. Es kam zum Streit, der vor Gericht ausgetragen werden mußte … Die Windsheimer beriefen sich auf die Geschichte von den drei Jungfrauen – und sie bekamen Recht."

*

Als Sven Finnberg die *Graef* erwähnte, konnte ich nur ahnen, was er damit meinte; ich fand jetzt in Hans Scherzers *Erd- und pflanzengeschichtliche Wanderungen durchs Frankenland* (Wunsiedel, 1920) den Hinweis auf das „nordwestlich von Windsheim sich hinziehende *Gräfholz, die Gräf"*, worin sich *„Steppen- und andere seltene Pflanzen in solcher Menge bergen, daß man in ihnen wie in einem wirklichen Blumengarten zu wandeln glaubt."*

Hans Scherzer hat schon vor 99 Jahren auf das „Reichhaltige" im scheinbar „Unscheinbaren" hingewiesen, das oft nur geringschätzig als *unbedeutend* oder als *reizlose Gegend* abgetan wird.

Wald-Wahrnehmen – nach *Wiebke*

Mit Alexander Freiherr von Feilitzsch

Zwischendurch erneute Wiederbegegnung mit Alexander Freiherr von Feilitzsch in Neustadt an der Aisch. Er war jahrzehntelang im Staatsforstdienst; Freiherr von Feilitzsch stammt aus einer uralten in Oberfranken ansässigen Familie; nahe der einstigen Zonengrenze heißt ein Ort *Feilitzsch* …

Der Forst-Freiherr konnte nach der Wende Wald jenseits des Frankenwaldes erwerben – also auf seine Weise ein ganz moderner Waldmensch, der Erfahrungswissen mit objektiv sicherer Erkenntnis verbindet.

Verblüffend, wie einleuchtend er die Folgen des einstigen *Wiebke*-Sturmes darlegt:

ALEXANDER FREIHERR VON FEILITZSCH: „*Wiebke … Es ist keine Katastrophe gewesen, wenn man die Naturseite betrachtet; wirtschaftlich war's für viele eine Katastrophe – aber es war eine schlichte Korrektur … Eine Korrektur von menschlicher Naivität, und auch aus der Geschichte herauskommend, dass wir letztlich Ackerbau betrieben haben im Wald: so wie der Maisacker heute nun auch langsam ein Problem wird, so war eben gerade die ertragreichste Monokultur nur mit Fichte ein Vorbild bis zu dem Moment, wo die Korrektur kommt …*"

Seine Waldmenschen-Vision klingt wie eine beseelte Vision:

ALEXANDER FREIHERR VON FEILITZSCH: „*In den 80er 90er Jahren war uns bewusst, dass die Welt uns beneidet – um unser System, sowohl Forstwirtschaft als auch Naturschutz unter einen Hut zu bringen – auf der gleichen Fläche. Deutschland hat ja keine Fläche für ein Entweder-Oder wie Amerika mit seiner National-Parkerie und der brutalen Forstwirtschaft auf der anderen Seite.*

Das Problem, das ich sehe: dass die Gesellschaft keine unmittelbare Bindung mehr zum Wald hat und damit eine Sehnsucht aufbaut zur heilen Natur – dem Urwald … Die Menschen sitzen auf Holzstühlen und diskutieren über ‚Holz-ab? Nein danke!'

Der Wald wird naturwissenschaftlich nüchtern gesehen, auf der anderen Seite dient er dem Erwachsenen als Kulisse, für Jogger, zum sich Erholen, sich zur Ruhe bringen, was ja auch wichtig ist, aber jeder hat im Kopf diese städtische Lebensweise, die heutzutage auch auf den Dörfern stattfindet: Die bringt diese Sehnsucht: man sitzt vorm Fernseher und sieht die wunderschönen tollen Naturfilme, und denkt: Jetzt geh' ich raus und muss also den Käfer X sehen und den Schmetterling Ypsilon … Weil, im Wohnzimmer sitzend, einem die Natur so idealisiert nahe gebracht, da geht man dann raus und sieht keine Käfer und keinen Schmetterling, kein Dies, kein Das …

Das heißt also: ein naturentrücktes Städterauge sieht auch nichts … Jeder kann sich zu jeder Zeit in einen Wald begeben und in Ruhe hinsetzen, aber es tut keiner …"

5 BAUM-GEDICHTE
5 SPIEGEL-BILDER

Fragen Fragen wirklich?

***W**as machen die Bäume,*
wenn sie scheinbar nichts tun?

Die Bäume tragen den Himmel!
Aber für wen?

Und wenn wir sie alle
beim Namen kennen würden?

Sie bleiben als Wesen geheimnisvoll:
Was macht sie so rätselhaft schön?

Schattenspiel auf Wasserlinsen – beim Oberen Weiher

Die Vielfachen

Die Bäume tragen den Himmel ...
Meinen wir damit das unendliche Himmel-Blau?
Tragen die Bäume den Himmel so
wie wir einst den *Himmel*
bei der Fronleichnamsprozession?
Wenn die Bäume den Himmel tragen,
sagen wir: *„Nichts leichter als das! Der wiegt doch nichts!“*
Doch der Himmel ist nicht immer voller Geigen,
eher gleicht er einem Wolkenschwarm:
voller Sehnsucht und Hoffen, Wünsche dazu,
unendlich viele.
Die Bäume tragen viel Himmel,
mit ihren Kronen tragen sie ihn,
gefedert von verschmutzter Luft,
die sie nebenbei säubern: wenn wir durch die
Landschaft räubern
mit unserem Abfallmüll.
Die Bäume ertragen viel Himmel;
ein Standbein haben sie bloß, doch dazu die
starken Arme ihrer Äste.
Und immerzu ihre Wurzel-Lust in ihrer
Ehefrau-Vagina *Erde.*
So tragen die Bäume unsere Himmel;
die alten Griechen kannten ihrer viele: *hoi ouranoi ...*
Von klein auf fangen sie damit an.
Tun ihnen unsere geringschätzigen Blicke weh?
Dann sehnen sie sich nach Mullbinden aus Schnee.
Sie schultern jeden Himmel,
mitsamt der Kirchenglocken Gebimmel.
Ihr Blut heißt *Immergrün* – gutmütig uns immer grün.

In die 13 Wässerli

Vergleichend vergleichen

Die Bäume und Wir:
Ein ungleiches Paar.

Ihr Blut ist chlorophyll-grün,
das unsrige hämoglobin-rot.

Oft beschworen:
Unser *Bündnis* mit ihnen.

Kennen wir, neben *Bündnis 90 Die Grünen,*
wirklich unsere Bündnis-Pflichten?
Der Bündnis-Fall ist jeden Tag.

13 Wässerli

Zu den Drei Linden:
Im Augen-Wirtshaus

Ganz einfach!
Ganz einfach?
Ganz einfach:
Die Wurzel, der Spross, das Keimblatt.

Der Grundakkord:
Ein Dreiklang.

Aber dann die Fremdsprache
ihrer Zeichensprache:
Dies Blatt ist *fächernervig,*
jenes *vierkantig spitz*
und das dort ist *gelappt …*

Alles gar nicht so einfach!
Kannst Du diese *quirlständigen Nadeln*
unterscheiden von denen der Lärche?

Und heuer, als die Linden so übermütig
üppig blühten:
Da kam ich zu spät zum Pflücken
der duftenden Blüten
und muss nun den heilsamen
Lindenblütentee kaufen.

Lichtes Waldgrün in die 13 Wässerli

Melancholie oder Melabu?

Deutsch und Ungarisch

Drei Menschen arbeiten mit Hacken
auf steinigem Feld
unter einem freistehenden weitästigen Nußbaum.
Da kommt mein Baumfreund Erich mit seiner Kamera:
„Was für einen schönen Nußbaum habt ihr da!"

Kommt als Echo zurück:
„Fotografier'na no ahhmohl!
Wann'st nächst's Joahr wiederkummst,
siegst'na nimmer!"

Das erzählt' ich einer Töpferin
an der ungarischen *Tisza,* der Theiß:
„Noch schlimmer war's bei uns an der Tisza,
als der Erzschlamm-Damm von einem Bergwerk
in Rumänien brach:
Eine Landschaft verschwand auf Nimmer-Wiedersehen.
Melabu sagen wir dazu."

13 Wässerli: 2019

KATASTROPHENFALL

2019: Zurück in die finnischen Wälder?

Wohin nun?

Ich bleib da!

Schifffahrt vorübergehend eingestellt: wegen Katastrophenfall

Im ausharrenden Hoffnungs-Wald

Erneut mit Alexander Freiherr von Feilitzsch
Diesmal im Wald zwischen Münchsteinach und Gutenstetten

Wald-Erschrecken
Wald-Angst – Wald-Not – Wald-Brand – Wald-Verfinsterung –
Weltuntergangs-Stimmung – „Waldzustand besorgniserregend“
(Lokale Zeitung vom 14. August 2019)

Stimmungsbild, August 2019

Als ob nur noch Alarmsirenen schrillten, und die Aufgeschreckten fuchteln mit hilflos beschriebenen Blättern, auf denen grellrote Verbots-Kataloge auflodern. Von überallher eilen Wald-Heilkundige herbei: Die einen versprechen als Sofortmaßnahme die Anpflanzung von 99 Millionen Bäumen, wo nur immer unbebauter Boden zu finden ist: weltweit; die anderen wollen den Klimawandel sofort bremsen durch radikale Verteuerung von Fleisch. Rauchloses Heizen im Winter wäre auch besonders gut. Viel-Abgas-Austosser ziehen als Anhänger ab übermorgen Abgas-Verwandler hinter sich her …

Die ersten Wald-Sanitätskolonnen rücken an; Bergepanzer der Bundeswehr kommen beim Waldbrand-Löschen zum Einsatz: als Schneisen-Schneider.

Die *Harvester* verschlingen Unsummen beim Abtransport von Stämmen, vom Fichten-Borkenkäfer befallen. Tag für Tag sinkt der Preis für die verderbliche Ware *Stammholz.*

Der Waldschadens-Bericht eines fränkischen Forstmanns aus seinem sachsen-anhaltinischen Waldbesitz lautete stichwort-kurz und bündig (Ende Juli 2019): *„Der Wald … Die Fichte stirbt ganz, die Buche flächig, die Eiche einzeln, Lärche bestandsweise, die Kiefer in Gruppen … Bin fast nur noch dort – ohne Zeit zur Trauerarbeit. Ein gemeinsamer Gang, dort, wo der Wald hier bei uns noch heiler ist, würde mich freuen …“*

Alexander Freiherr von Feilitzsch, aus dem östlichen Wald zurück, schlug einen neuerlichen Waldgang vor; mein Neustädter Waldfreund und ich fuhren von Neustadt an der Aisch auf der *B 470* durch den storchenreichen Aischgrund, bogen nach Gutenstetten ab, dort den Abzweig nach Haag, um kurz vor dieser Ansiedlung (mit ihren wenigen Gehöften, darunter das Anwesen vom *Käse-Leo-Seitz*) noch ein Stück ostwärts auf einem Feldweg zu fahren.

Während der Hinfahrt kurzer Schadensbericht, mit nackten hohen Kosten-Zahlen: für Harvester-Einsatz, inclusiv steigendem Wertverlust für käferbefallenes Holz.

Am Waldrand leicht zu erkennen: die rostroten Wundflecken abgestorbener Föhren-Kronen. Eine erste Unterscheidung prägt sich ein: Da *Hitze-Schaden,* dort *Trockenheits-Schäden.*

An einem Waldweg stiegen wir aus, der junge glatthaarige Hund sprang heraus und lief rasch, Nase am Boden, voraus – hunds-unbefangen.

Auf den ersten Blick: fränkischer Steckerlaswald! Doch dazwischen alte Buchen und Eichen. Nächste Unterscheidung: Die Buche schafft Dunkel, die Eiche lässt Licht auf den Boden.

Sobald verschiedene Baum-Samen aufgehen und als Pflanzen hervorsprießen, beginnt, als Wettbewerb, ihr zäher Überlebenskampf: Wer vermag sich durchzusetzen? Welcher erträgt bis zu welchem Abstand die Nähe eines anderen? Wie lange braucht's, bis es Buchen und Eichen gelingt, nachdem ihnen zu oft von Rehen der Wipfeltrieb abgefressen ist, einen Trieb in bissfreie Höhe zu schieben?

Plötzlich stehen wir vor einer stattlichen Eiche: ihr näheres Umfeld von einem Maschendraht geschützt – von dem sich freilich Wildschweine nicht abhalten lassen. Aus vielen abgeworfenen Früchten sind unzählige Eichen-Winzlinge hochgewachsen: Eichelmast – diesmal für den Waldboden selbst. Wenn diese Viel-Klein-Eichen unbeschadet herangewachsen sein werden, könnte jede Pflanze wie ein Wald-Verbesserer oder gar wie ein Missionar verpflanzt werden …

„Was für ein Potenzial hat allein dieser Baum!" Der Forstmann strahlte vor Freude. Wir überschlugen die Reifezeit, die diese Sämlinge dazu brauchen werden.

Weitergehend, da riet der Baumfreund, auch auf den Bodenbewuchs zu schauen. Hie und da glomm schon das Blaubeeren-Blau auf. An anderer Stelle wucherten rotästige Brombeerranken: „Die werden dank ihrer Stacheln von selbst zum Schutz vor Wildverbiss – sozusagen als Selbsthilfe."

Wir kamen nun zu einer Mulde, die wie ein flacher Graben abwärts verläuft: Zu Beginn eine stattliche Buche und gleich daneben, auf ihre Art auch stattlich, eine Fichte – beide gleich alt. Im Graben haben beide mehr Wasser.

Und schon waren wir bei deutscher Waldgeschichte … Das Ende des Dreißigjährigen Krieges und das Ende der Napoleonischen Kriege waren jeweils eine Stunde Null – auch für den Wald. Es musste alles schnell gehen: also Rasch-Wüchsiges! Fichten und Föhren kamen flott voran – auf andere Bäume konnte kaum geachtet werden.

Nächste Einsicht: „Wo auch immer Wald gedeiht: er hat jeweils sein eigenes Wald-Klima – egal ob auf kleiner oder auf großer Fläche."

Auch diese Bemerkung merkte ich mir: „Laubbäume sind stets Individuen." Reine Baum-Monokultur kann nur Kollektiv-Wesen hervorbringen.

Der Forstmann weiß aus eigener Erfahrung, dass bei uns auch Douglasien gut gedeihen; in seinem Neustädter Garten fühlt sich sogar eine amerikanische Küsten-Tanne wohl; obendrein hat er schon gute Ergebnisse mit Hybrid-Nussbäumen erzielt. Bei den bereits gestiegenen Temperaturen würde die Edelkastanie auch hier wurzeln und fruchten.

Plötzliches Innehalten: Das Insekt, der Schwammspinner, der den Eichen das rasche Absterben bringt, stand lange

Zeit bei uns auf der Roten Liste der bedrohten Arten! Bei uns ist er Verursacher von immensen Waldschäden ... Und noch eine Analogie: „Der BUND und die Grünen sind ja überall für Multikulti – aber bei der Wiederaufforstung beharren sie auf dem ‚typisch deutschen Wald' ... Douglasie und Roteiche, nach der letzten Eiszeit nur noch in Nordamerika heimisch, werden hier seit über 150 Jahren erfolgreich und problemlos angebaut. Sie ertragen mehr Wärme und Trockenheit: als Klimatolerante. Doch die mit 3 % im deutschen Wald vorkommenden Baumarten seien ‚Fremdländer' und hätten im deutschen Wald nichts zu suchen ...

Beim Rückweg kamen wir zu dicht beieinander stehenden Berg-Ahorn-Bäumen: Gut gewachsen – doch diese noch Dünn-Stämmigen müssten entastet und vereinzelt werden; dann könnten sie auch noch zu Wald werden, für den Forstwirt allerdings wächst dabei freilich wenig Nutzholz.

Und wieder ein Stück ‚Wald-Geschichte': Als Waldbesitzer und Jäger in gutem Einvernehmen miteinander waren, da bedeutete Reh-Abschuss: „weniger Rehe gleich weniger Wildverbiss".

Mischwald ... Da entsann ich mich eines Buches von Manès Sperber, dem Träger des *Friedenspreises des Deutschen Buchhandels* (1983), der hatte lange zuvor *Individuum und Gemeinschaft* veröffentlicht: Also „das *Ich* braucht das *Wir*, auf dass *Gemeinschaft* entstehen kann" – *Gesellschaft* ist ein diffuser Begriff dagegen. Das könnte auch auf *den Wald* übertragbar sein.

Waldzustand besorgniserregend ... Wieder draußen: mein Blick erfasst zwar die rostroten Wundflecken am Waldrand, aber vom Wald bis zu den Wiesen, von Rainen bis zum Grünbewuchs an Gewässerufern: überall pulsiert sichtbar und unverkennbar das Chlorophyll-Grün-Blut der Gewächse.

Eine weitere Einsicht: *„Der Wald ist Leidtragender des Klimawandels und Problemlösung zugleich: als Kohlenstoffspeicher, Temperaturpuffer und Aufenthaltsort von Artenvielfalt ..."*

„6,5 Millionen Festmeter Schadholz wurden im Jahr zuvor in Bayern verzeichnet." Politiker können aus dem Stand heraus viel versprechen: *„Aufstockung der Entschädigung von vier auf zwölf Euro pro Festmeter Holz … Bereitstellung von mehr Landes- und Bundesmitteln … Ab 2020 Bereitstellung von zusätzlichen Finanzmitteln in Höhe von 800 Millionen Euro …"* Klingt vielversprechend – aber jeder Beteiligte braucht darüberhinaus mehr Wald-Wissen und die *Gemeinschaft* muß sich darüber im Klaren sein, dass *Wald* seine eigene *Zeit* braucht.

Wir beiden jedenfalls standen vor einem Stück *Hoffnungswald.* Noch pulst das chlorophyll-grüne Blut unserer Erde sichtbar. In früheren Zeiten gab es zu bestimmten Zeiten Bitt-Prozessionen, auch um Regen …

Vor der Heimfahrt sprang der uns begleitende junge Hund vergnügt in sein Kofferraum-Abteil. Vor Beginn hatte ich den Forstfreund gefragt, wo denn die unabdingbare Leine für den Vierbeiner sei: Da schmunzelte er: *Der Hund wird ja erzogen:* Ein Pfiff mit seiner gelben Pfeife – und sogleich kehrte der Hund um, wurde gestreichelt und bekam seine Futter-Belohnung – wie's *den Wissenden erbaut* … Frei nach Goethes *Gingko Biloba: „Dieses Baums Blatt / der von Osten unserem Garten anvertraut / gibt geheimen Sinn zu kosten / wie's den Wissenden erbaut …"*

Wir sahen in diesen Stunden die Haut unserer Erde – vielfach chlorophyll-grün, und also grün-polychrom, mit ihrem verschieden raschen oder gemächlichen Wachsen. Angesichts des vorhandenen Potenzials der Bäume könnten wir guter Hoffnung sein, auch auf das Zunehmen der Einsichtigen, denn das Gefährliche bedarf stets der Abwehr und den Mut zur Alternative.

Neidhardswinden, am 20. August 2019

Wieder zurück im Heimischen
Forellen-Silber am nachbarnahen Neidbächlein

Einer meiner Lieblingswege aus dem Dorf Neidhardswinden nordwärts hinaus führt über den *Schafbuck.* Dort folgt auf eine Apfelbaum-Zeile noch eine Streuobstwiese mit alten Apfel- und Birnbäumen; an einem Novembertag labten sich an die 25 *Admiral*-Falter am übersüßen Birnen-Fallobst.

Links neben dem Trampelpfad hangabwärts wirkt ein Holzstapel-Block, ungefähr sechs Ster lang, wie eine Barriere.

Die große Wiese selbst neigt sich einem Waldrand zu, den Holunder, Schlehdorn, Espen, Föhren, Eichen und zwei Birken säumen. Zwischen diesen beiden, dem Birken-Tor, führt ein Weg hinab zum Bachgrund des sich selbst überlassenen *Neidbächleins.*

Seit meiner *Eidertschwinger* Urzeit hatte dort der *Forellen-Lothar* seine zwei Forellenteiche angelegt, die aus einer munter sprudelnden Quelle gespeist werden; gleichbleibend um die 14° kühl. Die Eschen und Weiden über der Teichmulde lassen vormittags so viel Licht auf die beiden Wasseraugen fallen, dass mir die im Kreis schwimmenden Forellen so vorkommen, als rührten sie vor lauter Lebenslust das Sonnenlicht um, auf dass ein Silberlicht-Gewell-Gewusel entsteht – begleitet vom unermüdlich plätschernden Quellzufluss.

Damals musste sich der Forellen-Lothar noch nicht gegen die Räuber-Reiher wehren. Dem Lothar begegnete ich oft; einmal nahm er mich mit in sein Haus *im Grund,* dort hatte der Opa noch einen kleinen Stall für seine *Gaaßn.* Der Lothar zeigte mir seine selbst geräucherten Forellen – für mich waren die jetzt Gestalten aus purem Bernsteingold.

Der Opa mit seinen Geißen und auch der Lothar: die sind längst verstorben und ihr Häuslein abgerissen für einen Neubau des Enkels. Da der Lothar aber seine zwei Forellen-Teichlein rechtzeitig unserem Nachbarn Gerhard verkauft hat, konnte die Forellen-Quelle ihr Klar-Sprudel-Wasser weiterhin spenden – und der Gerhard nutzte die weiter oberhalb am Neidbächlein liegende Sumpfwiese zum Ausgraben eines dritten und etwas größeren Weihers für weitere Forellen: er brauchte nur einen Abzweig vom Neidbächlein zu graben, den Zufluss mit einem Drahtgeflecht als Schwemmholzfilter versehen, und schon hatte er ein Forellen-Weiher-Trio, mit dem er seinen Absatz von Frisch- und Räucher-Forellen steigern kann.

Im Gegensatz zu die *13 Wässerli* führt an diesem Bächlein kein Weg entlang. Als ich einmal mit Gummistiefeln darin herumging, fiel mir an einer gumpen-tiefen Bachstelle eine Forelle auf: Das konnte nur eine dem Gerhard Entwischte sein!

Also rasch zu den Weihern zurück, einen Käscher geholt, die Entwischte eingefangen, zurückgebracht im Eimer und dem Besitzer abends gemeldet. Zur Belohnung gab's zur Forellen-Erntezeit eine umsonst …

Während dieses Fang-Ganges war ich zwiefach fündig geworden: Aus dem Bachgrund ragte ein ausgeschwemmtes Steinstück heraus; es gehört zum Gestein, aus dem hier der Erd-Untergrund im Laufe der Jahrhunderte gewachsen ist – und so erblickte ich zum ersten Mal den hier typischen *Blasensandstein.* Nun konnte ich mir vorstellen, wie ein aus vertrocknetem Urmeer entstandenes *Ablagerungsgestein* allmählich erstarrte und dabei dennoch Blasen bildete, die dann unter dem Druck der darüber hinzugekommenen Schichten platzten. Diese versteinerten Blasen im dunkelbraunen Gestein: gleichen sie nicht den Löchern der Mondoberfläche, die wir bei Vollmond erkennen können? Jedenfalls kam dieses blasen-reiche Stein-Trumm nicht vom Mond, sondern es ist nun ein *Zeugen-Stein*, der Erdgeschichte anschaulich macht.

Wie es bei guter Nachbarschaft manchmal so geht: Der Gerhard musste mal für ein paar Tage ins Krankenhaus, seine Frau hat ihren Dienst bei *Edeka* in Markt Erlbach, und die drei Kinder waren allesamt auch eingespannt – ob ich die paar Tage nicht die Forellen füttern könnte?

Nichts lieber als das!

Der Gerhard, unter Freunden nur „Haddl" genannt, zeigte mir im einstigen Kuhstall den Sack mit dem Forellenfutter und schüttete schwarze Kügelchen in einen Eimer: *„Des langt fier alle drei! Beim großen Weiher kannst pfeiffn, dann kummers scho glei!"*

Mal fuhr ich mit dem Auto hin, mal mit dem Fahrrad, und wenn's nach Regen auf dem Wiesenweg zu glitschig war, dann ging ich halt zu Fuß zu meinen Forellen …

Seit der Gerhard diese Forellenteiche hat, führt ein langes Metallgitter als sicherer Eisensteg übers Neidbächlein zu dem eingezäunten Zwei-Teiche-Bereich; über alle drei Weiher sind Bänder gegen den Reiher-Räuber gespannt … Die Brücke hat einen ebenfalls selbstgebauten Handlauf, und jedes Mal staune ich, dass die am Bachgrund lotrecht stehende Eiche nicht längst von einem Sturm umgerissen worden ist – aber sie hält sich standfest, auch wenn ein Teil ihres Wurzelwerks von etlichen Regen-Überschwemm-Fluten nun freigelegt ist; da haben die findigen Weiher-Leute ein paar große Steinbrocken hingeschafft, die das Abrutschen des Ufer-Wurzel-Bodens verhindern sollen.

Es ist jedes Mal eine besondere Forellenstunde, wenn im großen Weiher auf den ersten Pfiff hin die Forellenschwärme angerauscht kommen, sichelkrumm aus dem Wasser springen und ein Silber-Farb-Feuerwerk entfachen; blitzschnell schnappen sie nach den kleinen Futterkügelchen. Die riechen nach getrocknetem Fleisch, und sie sind sozusagen aus einem Nahrungsmittel-Mix zusammen gepresst.

Ich fragte den *Haddl,* ob denn so ein Einheitsfutter den Fischen genüge?

„Eigentli net", sagte er, *„aber die fangen si ja ah Insekten, wenn's überm Weiher danach schnappn …"*

Fast jedes Mal, wenn ich in diese Wald-Weiher-Oase komme, dann stelle ich mir vor, wie ich mich verhalten würde, wenn vom östlichen Dschungelgrün her ein orangerot-schwarz-ge-

Die standfeste Eiche am Neidbächlein

stromter Tiger, mit weißem Bauch, aus einem Wanderzirkus ausgebrochen, jetzt auftauchen würde … Dieser Tiger-Farb-Dreiklang hat etwas Teuflisch-Schönes – und meine Schreckschusspistole würde mich wohl kaum sicher zum am Waldrand abgestellten Auto gelangen lassen …

„Na, is dej Tiger scho mal kumma?“

So neckte mich der Gerhard manchmal, und ich erzählte ihm von der Geschichte von Goethe, worin einmal ein Löwe und ein Tiger aus einem Wanderzirkus ausgebrochen sind, und ein Kind eine der großen Raubkatzen besänftigt hat …

Daraufhin sagte der Gerhard: *„Also dein Tiger-Rot-Schwarz kann ich dir net anbieten, aber wenndsd am Samsdooch kummst, do dummer Forelln schlachtn!“*

Das ließ ich mir nicht zweimal sagen – und kam mit Ingrids Digitalkamera.

FISCHE ERNTEN: FANGEN, SCHLACHTEN

Der kleinere von den zwei quell-gespeisten Weihern

Forellen-Ablassen aus dem größeren Weiher

Ab und zu entwischt eine Forelle ins Neidbächlein: Simone hat sie

Beim Forellen-Ausnehmen: Christa & Heinz Schönleben & Walter Zieglmeier

Haddl

So entsteht Forellen-Bernsteingold

WALD-BACH-STUNDEN IN DIE 13 WÄSSERLI

Vom Erleben übers Erfahren zum Erkennen

Schwerlaster zum Staudammbau unterwegs

Der Mut-machende Baum – Mut-Probe für Enkel

Auf die Gelegenheit hatte sich Schwiegersohn Thomas aus München schon lange gefreut: Zur *Eidertschwinger Kerwa* fuhr er in seinem Original-Schweizer-Armee-Jeep voraus, mit jeweils nur einem der Kinder als wechselndem Beifahrer – und die Mama folgte im vollbeladenen *VW-Bully* mit dem Familien-Rest: als Schutzgeleit, denn um für ein Sicherheits-Risiko gewappnet zu sein, fuhren sie die lange Strecke nicht auf der Autobahn, sondern über Landstraßen, im Konvoi. Der Betagte, der einst das *CH*-Schild der *Confœderatio Helvetica* trug, schaffte die 240 Kilometer mühelos.

Endlich bot sich echte *Jeep*-Herausforderung an für das hochbetagte Fahrzeug, auf dessen vorzüglichen Zustand Thomas naturgemäß ganz stolz ist. Er wagte sich zunächst nur bis zu der Stelle in die *13 Wässerli,* wo aus dem Stausee vor dem Waldbeginn das Bächlein aus der unterirdischen Röhre wie ein Aal herausschnalzt.

Nachdem wir zu fünft bis zum Holzbrücklein gekommen waren, überredete ich Thomas, doch mit seinem schweren Gefährt bis zur Abbiege-Stelle nachzukommen – der ausgefurchte Weg ist ja bulldog-breit genug. Vorsichtig kam er angefahren – ich unterschätzte die mögliche Schräglage

auf dem schmierigen Abwärtsweg. Aber das anschließende Wendemanöver gelang.

Die beiden Buben, Julius und Josias, waren gleich in ihrem vertrauten Element und machten sich ans Damm-Bauen. Zu dritt, mit Aurelia, gingen wir weiter. Das einstige Winterungs-Weiherlein schien verlandet – offenbar brauchte niemand mehr den ein wenig höher gelegenen Wasserspeicher auf der linken Weg-Seite.

Unterwegs zeigte ich Thomas die farbigen Schichten des hiesigen Keuper-Grundes.

Wir kamen an die Stelle, wo seit langem schon ein kräftiger Baumstamm schräg über den schmalen Weg gestürzt war – mühelos konnte jeder untendurch schlüpfen … Ich entsann mich des gemeinsamen Weges im Jahr zuvor: da hatte ich überlegt, ob wir nicht alle als Mutprobe, im Reitersitz, auf diesem Stamm auf die wesentlich höher gelegene andere Hang-Seite hinüberkönnten … Ich untersuchte die Rinde – sie war noch einigermaßen fest. Aber damals wagte sich keiner hinüber …

In diesem Augenblick kamen die beiden Damm-Bauer zufrieden zurück. Ich stieg also auf, hockte mich im Reitersitz auf den etwa einen Meter hoch liegenden unteren Stammteil und im Sitzen vorrückend, erreichte ich das wesentlich höher liegende Ende des Stammes. Nun hatte also der schräg-quer Liegende ein Jahr gewartet, und die beiden Buben waren zur Mutprobe herangereift. Behänd saßen sie hintereinander auf und zügig bewegten sie sich als Popo-Krabbel-Kletterer auf die hohe Hangseite – nur Aurelia musste ich enttäuschen, indem ich ihr gestand, dass ich sie von so hoch oben nicht auffangen könne, wenn sie ausrutsche. Das leuchtete ihr ein.

Und nun verblüfften mich die beiden Buben: Sie riefen: „Opa! Jetzt kommen wir anders zurück!“ Und schon balancierten sie ganz sicher und aufrecht auf des Schräg-Baum-Hindernisses Rinde abwärts und mit siegreichem Lachen sprangen sie zu uns herab.

Das ein Jahr währende Warten hatte sich also gelohnt: Was eine Überforderung gewesen wäre, das wurde jetzt erst zur Herausforderung – rechtzeitig.

Auch dieses Erlebnis gehört zu den Schätzen der *13 Wässerli* – wenn man sich darin auskennt und zur rechten Zeit kommt.

Die inzwischen ebenfalls mit *Wathosen zum Weiher-Abfischen* Ausgerüsteten hatten beim Rückweg noch einige Lücken in ihrem Staudamm zu schließen.

Bei der Rückfahrt erlebte ich das Riskante des Jeep-Fahrens bergauf: Wenn der mit Allrad-Antrieb unversehenes ins Rutschen käme, wäre er beim Wegrutschen aus der schmalen Fahrrinne nicht mehr zu halten. Ein Absturz in die doch mehr als fünf Meter tiefe *13-Wässerli-Schlucht* würde lebensgefährlich sein.

Ich verstand, warum Thomas übervorsichtig im ersten Gang fuhr – und erst, als wir wieder aus dem Wald waren, da löste sich unsere Anspannung.

KINDER-URWALD-TUMMELPLATZ

Da fanden wir eine russische Baba-Jaga-Höhle

Belohnung für Julius: Karpfen-Weiher-Abfischen beim Haddl

Augen-Blick am verborgenen Vor-Stausee der *13 Wässerli – zum Staunen*

Von Siedelbachs Westrand aus nur ein paar hundert Schritte die Wiese abwärts, da stand ich eines Tages ganz allein vor dem kleinen Stausee: Aus diesem Tümpel bekommen *die 13 Wässerli* auch ihre Anlaufs-Kraft, die aus Trieb- zu Antriebs-Kraft wird.

Mein *13-Wässerli-Stausee* begann sich immer mehr zu füllen, um die Schreib-Turbinen für die Verwandlung meiner *13-Wässerli-Begegnungs-Augenblicke* in Strom anzutreiben, also in bildhafte Sprache.

Immer wieder staune ich, was mir beim Schreiben für unerwartete geistige Zuflüsse gerade jetzt zuströmen: Ist mir dabei bewusst, dass ich mich auch beeinflussen lasse?

Doch von welcher Be-ein-FLUSS-ung fühlen wir uns nicht, wie von einem Zwang, beeinflusst?

Einflüsse können leise, lautlos oder lesend und zuhörend uns bereichern.

Das gleicht wechselnden Stimmungen - wie bei jahreszeitlich eigenartigen Lichtverhältnissen.

Manches *erfüllt* – ungerufen, wie von selbst zufließend.

Verbindendes fließt einem ebenfalls zu – der Wasserspiegel strahlt indes auch seine Lichtkräfte aus.

Unendlich viel bleibt unserer Wahrnehmung verborgen.

Gleichwohl kann aus dieser *kleinen Bach-Welt* ein Universum werden, mit keinem Grenzzaun abgesperrt: Mikrokosmos wird da zum Makrokosmos.

Der ungarische Komponist Béla Bartók schrieb seinen Klavier-*Mikrokosmos* – auch der ein mikroskopisch hörbar gemachter *Makrokosmos:* also etwas *Komplexes.*

Möglicherweise gibt es einen *„Rundum-Blick"*, der *„nichts von vornherein ausschließt."* Wie beispielsweise dies: In der Welt der christlichen Ostkirchen lebt ein Gespür für das Mitwirken der *körperlosen Kräfte.* An einem Novembertag feiert die russisch-orthodoxe Kirche ihre *göttliche Liturgie zu Ehren „des Hl. Erzengels Michael und aller körperlosen Kräfte."*

Die Macht des Waldes

Hier sind Gerhard Nebels Einsichten gut zu lesen

„Zum Elend unserer Gesellschaft gehört der Lärm,
den sie in immer quälenderem Maße hervorbringt /… /
Die Räume der Ruhe schrumpfen zusammen / … /
Wälder aber sind Gegenden der Menschenleere …"
Gerhard Nebel, *Die Macht des Waldes (1970)*

Alle nachfolgenden Zitate aus diesem Text stehen auch in: Gerhard Nebel, *Schmerz des Vermissens.* Essays. Ausgewählt von Gerald Zschorsch. Mit einem Nachwort von Sebastian Kleinschmidt. Verlag Klett-Cotta, Stuttgart 2000

Gerhard Nebel (1903–1974) war und schrieb als ein *radikaler Mensch. Das Ereignis des Schönen* (1953) heißt eines seiner Bücher; 1949 erschien *Ernst Jünger. Abenteuer des Geistes.* Es folgten *Weltangst und Götterzorn* (1951), *Homer* (1959), *Pindar* (1961) und seine autobiografischen Erinnerungen *Unter Partisanen und Kreuzfahrern (1950).* Sebastian Kleinschmidt, nach der Weiterführung von *SINN UND FORM, der* *geistigen* Zeitschrift in der DDR, deren Chefredakteur, bezeichnete Nebel als *kompromisslosen, wagemutigen Geist,* als *Kämpfer gegen Transzendenz vernichtende Aufklärung.* 1932 war Nebel Mitbegründer der *Sozialistischen Arbeiterpartei (SAP),* nach Hitlers Machtergreifung war es für ihn mit dem Schuldienst vorbei: sein jüdischer Freund Siegfried Landshut, der schon nach Ägypten emigriert war, besorgte ihm eine Hauslehrerstelle in Kairo; als Soldat lernte Nebel 1941 in Paris Ernst Jünger kennen; auf Grund einer Denunziation wurde er 1942 auf die Kanalinsel *Alderney* strafversetzt. In seinen Büchern bekennt er seine „paulinische Christustreue" (so Sebastian Kleinschmidt, dort S. 282).

Ich schätze seine Landschafts-Liebeserklärungen, die häufig in der Zeitschrift *Merian* erschienen; darunter seine *Reise nach Tuggurt* und *Phäakische Inseln* (1954), womit die Kanarischen Inseln gemeint sind.

Dort, wo ein seitlicher Quellzufluss noch immer eine einstige Fisch-*Winterung* bewässert, da sitze ich gerne, an einen Baumstamm gelehnt, und lese Nebels 1970 erschienene *Macht des Waldes.* Mit Buntstiften habe ich manchen Satz unterstrichen – nun am richtigen Ort erneut aufnehmend und wiederlesend: gleichsam vor Wald-Augenzeugen …

„Die allgemeine Angleichung läßt sich nicht verkennen … Es nivellieren das Kino und das Fernsehen …, aber nur als Instrumente, hinter ihnen eine verborgene Macht, der es auf Uniformität ankommt …"

„Die technische Unterwerfung der Natur kann nur von Menschen geleistet werden, aus deren Welt die Götter verschwunden sind … Ich beginne mein Lob des Waldes mit dem Hinweis auf die Unterwühlung unseres Daseins, die der Mangel an lauterem Wasser mit sich bringt …"

An dieser Stelle vernehme ich, wie Cembalo-Klänge von Johann Sebastian Bach, das glucksende Murmeln des aus der Winterung fließenden Wassers, das den *13 Wässerli* zuströmt wie in offene Arme. Und wenn ich Nebel weiterlese – *„in der jährlich zunehmenden Verderbnis der Ströme, Flüsse, Seen,*

Bäche …“ –, dann freu’ ich mich wie ein Kind über das unbefleckt vorbeiziehende Bachwasser in seiner Waldsenke.

Im Anblick der vom Borkenkäfer zerstörten Fichten lese ich Gerhard Nebels Zitat zum *Fichtenhass: „Die Tanne prächtig, die Fichte nichtig.“* Wenn ein Wald nur noch aus Fichten bestünde, dann entsteht das Gefährliche von Monokulturen, die der Autor ebenso scharf sieht: *„Die Fichten sind in breiten Tellern Flachwurzler, sie holen keine mineralischen Substanzen aus der Tiefe, sie arbeiten die Krume nicht durch, sondern machen sie arm. Diese Bodenschäden sind schlimm genug, aber übler ist der Wasserverlust, die Beschleunigung des Ablaufs – ein Schaden, der die ganze Nation betrifft.“*

Ich halte inne, nehme das Buch unter den Arm und gehe am dahintrödelnden *13-Wässerli-Fließgewässer* entlang – wie gut, dass niemand es antreibt; es darf sich ein wenig aufhalten lassen durch angeschwemmtes Gehölz.

Hat schon jemand ein ‚schadloses Gegengift’ wider den Borkenkäfer entwickelt? Wenn ich mir die Menschen im Umfeld dieses Baches vorstelle: Keiner ist hier *baumfeindlich*.

Wenn Bekannte ihren Sommerurlaub an der kroatischen Mittelmeerküste verbracht haben, dann vernahm ich noch von keinem die Tatsache, an die Gerhard Nebel erinnert: *„Am Mittelmeer ist man bis zur Torheit leichtsinnig mit der Landschaft umgegangen /… / und so ist Griechenland heute ein skelettiertes Gerippe …“*

Noch nie hab’ ich die Stunden gezählt, die ich hier verbringe – mag ein Gang nur eine Stunde währen und mag mir in dieser Spanne niemand begegnet sein, dann empfinde ich wie Gerhard Nebel: *„Wälder aber sind Gegenden der Menschenleere …“*

Indes, wer würde dieser Schlussfolgerung Nebels beipflichten: *„Der Waldläufer kann sich von seinem Nachbarn erholen, aus dem Haß der Nachbarschaft befreien, der aus der Enge kommt und weiter verbreitet ist, als man denkt …“*

Trifft nicht auch hier noch eine andere Beobachtung von Gerhard Nebel zu:

„Aller Forstwirtschaft zum Trotz macht unter unseren Landschaftsformen allein der Wald den Eindruck ungehemmter Freiheit und Spontaneität. Er ist zwar nicht wild, aber er legt uns die Meinung von seiner Wildheit nahe …“

Zutreffend ist auch diese Nebel’sche Unterscheidung, wenn wir *Wald, Wiese und Acker* sowie *Siedlungen* betrachten, dann ist der *Wald „Wachstum, freilich gehegtes Wachstum … Der Mensch stellt den Wald nicht her wie die Häuser eines Dorfes oder die Möbel einer Wohnung …“*

Wenn ich ab und zu durch den nicht weit entfernten *Schußbachwald* streife, von *Linden* aus, westlich von Markt Erlbach, an den dortigen und ganz intakten Buchenwald denke, dann verweise ich nochmals auf ein Gerhard-Nebel-Gleichnis: *„Der winterliche Buchenbestand ist ein anderer als der sommerliche, aber er ist doch nicht die Leere der abgeräumten Korn- und Rübenbreiten.“*

Wenn ich eine große Runde um und durch die *13 Wässerli* gemächlich mache, weiß ich freilich, wie vergleichsweise gering-groß diese Fläche mit ihren Erhebungen und Vertiefungen ist – doch selbst diese Kleinheit bestätigt Gerhard Nebels umfassende Wahrnehmung:

*„Der Wald als ein Ganzes, das aus Bäumen besteht, er zieht seine Würde aus seinem Charakter, umfassend zu sein, aber auch aus der ‚Dignität‘ der Bäume; er ist mehr als die Summe …“ (*Anm. G.S.: lateinisch *dignitas = Würde).*

Wenn auf diesen Lese-Gang wieder Fotografien von Bäumen, vom Bach und vom Wald folgen, dann sind sie auch *Baumverehrung.*

Da läßt sich, ohne Begriffe, etwas begreifen, das mit dem Geheimnisvollen der Wald-Atmosphäre zu tun hat. Nochmals aus Gerhard Nebels Buch: *„Gemachtheit und Gewachsenheit – wir leben heute fast ganz in einer sekundären Welt, die wir selbst hergestellt haben, die darum für uns kein Geheimnis verbirgt, sondern völlige Erschlossenheit enthält.“*

Und plötzlich:
Toter-Wald inmitten von *Noch*-Wald

Am 9. Oktober 2018

Auf meinem Schreibtisch, in dem mit Papier gefüllten *Stausee FEHLT-NOCH!*, hatte sich inzwischen noch manch Wichtiges für dieses Buchvorhaben aufgestaut.

Da erwähnte einmal der Paul beim Schafkopfen – oder war's während der Siedelbacher Kerwa? –, dass seiner Frau Marga auch ein Waldstück in die *13 Wässerli* gehöre … Nein, ich wollte gar nicht wissen, wie viele Waldanteils-Eigner unter sich dieses Gebiet aufteilen und ob nicht manches Stück zum Staatsfort gehört …

Aber weil sowohl der Georg als auch der Paul die *13 Wässerli* seit ihrer Kindheit kennen: da könnte es doch möglich sein, dass mir die Zwei und der hier schon lange lebende Wirt Willi aus ihrer Zeit *von früher* etwas erzählen könnten, wenn wir einmal gemeinsam durch die *13 Wässerli* gingen …

Gesagt – getan: An unserem Schafkopf-Samstag vereinbarten wir für den kommenden Dienstag um 10 Uhr unseren gemeinsamen Gang.

Früh morgens um 5 Uhr noch sternklarer Himmel … Der Wetterbericht um 7 Uhr kündigte für vormittags Bodennebel an. Nach 9 Uhr wurde es heller. Um 10 Uhr kamen zwei Mann in Gummistiefeln und wir anderen zwei hatten geländetauglichges Schuhwerk an. Von Willis Wirtshaus gingen wir schnurstracks zur geradlinigen und mit Steinen ausgelegten Kerbe, in der trotz der schon lange anhaltenden regenlosen Trocken-Heiß-Zeit noch *Siedelbach*-Wasser floss. Willi machte vor der ausgedorrten Rinderweide mit zwei sicheren Griffen den Elektrozaun für uns auf. Gleich waren wir im Freiland und gingen auf der linken Bachseite westwärts zum Waldrand.

Ich erkannte meinen üblichen Parkplatz auf der anderen Uferseite: dass indes der Weg herüber zu uns über eine kaum sichtbare *Brücke* führt, in Gestalt eines Staudamms mit Durchfluss-Röhre, das hatte ich bislang gar nicht wahrgenommen. *„Des war ein Schwarzbau“*, sagte einer, und ein anderer fügte hinzu: *„Da läuft noch Abwasser von einigen Gehöften am Ortsrand rein, und da hat sich des klanne Weiherla zu einer ganz natürlichen Kläranlage entwickelt.“* Auch das war mir bislang entgangen.

In den Wochen zuvor hatte ich wohl bemerkt, dass beim Blick vom furchentiefen rechten Zufahrtsweg aus der gegenüberliegende Uferhang arg gelichtet erschien, doch dass da nun soviel abgeschnittene Fichtenstämme als weiße Fehl-Löcher mit ihren Stumpfstellen leuchteten, das hatte ich nicht erwartet. Hier hatte der Georg aus seinem Waldstück die vom Borkenkäfer befallenen Fichten schon herausschlagen lassen.

Wir kamen auf die drohende Gefahr zu sprechen. Ich erfuhr, dass hier nun der *Waldbauern-Verband* gefragt sei; zwar gebe es Zuschüsse fürs Wieder-Aufforsten – doch dabei wären gewisse Auflagen zu befolgen … Pflanze man *Ahorn:* der wachse zwar schnell, aber … Es war zu sehen, dass Rehe Neuangepflanztes abfressen … Am Ende des Kahlschlages lagen hoch gestapelt herausgerissene Wurzelstöcke: *„Die kriegst allein gar nicht auseinander!“* Dazwischen wucherte Holunder: *„Der Holler und des ganze Glump!“*

Nun war eine abfallende baumfreie Linie zu erkennen, und Georg sagte: *„Der lange Berg … Da simmer als Kinder mit die Schlittn runter'g'saust … Da is mancher Schlittn ausänander brochn, bevor wir ins Bächla g'flogen wärn …“*

Bevor wir nun zum eigentlichen Bachverlauf hinabstiegen, da umgingen wir noch eine Fichte, die vom Wind vor kurzem in etwa einem Meter Stammhöhe abgebrochen war – und nun sah ich, dass dieser Baum inwendig verfault war, was bei alten Fichten oft vorkommt.

Schon vor Wochen hatte ich mich gewundert, dass die Jahre lang gleich flach und breit ausschwingende Bach-Kurve verschwunden ist: verlegt durch eine Überschüttung: *„Denn* *wenn die Fläche im Winter zugefroren war, da bist nimmer mit dem Traktor aufm Eis weiterkumma!"* So Pauls Erklärung.

Jetzt waren wir angelangt beim Holz-Brücklein, das seit langem über einer Betonröhre errichtet ist. Dort hatte ich mit den drei Enkeln unlängst mit Freude einen Doppelstaudamm angelegt; wir nannten ihn den *Bergahorn-Stausee.*

Ich berichtete meinen drei Wald-Kameraden, dass mir beim Dammbau, wenn ich weitere Steine brauchte, aufgefallen ist, wie geschickt Moos hier verwendeten Bauschutt und Backsteine unsichtbar macht …

Darauf einer der Drei: *„Der Bach verändert ja immer seinen Lauf … Bei Starkregen fasst das Bachbett des Wasser nimmer, und des schießt dann gradaus weiter … Wenn man da nicht mit Bauschutt die Wege wieder befestigt, kommt man ja mit keinem Fahrzeug mehr weiter … Und da hat doch vor paar Jahr ein Lehrer aus Erba än Bauern angezeigt, weil der angeblich verbotner Weise einfach Bauschutt in den Wald geschmissen hätt … So ein Depp! Den Bauschutt brauchst ja gegen den Regen-Abriss!"*

Beim Weitergehen war alles so wie gewohnt: Das Bächlein ließ unbekümmert sein glasklares Wasser dahinmurmeln – mal breiter, mal enger und mal tiefer und dann wieder flacher werdend … Blind vertrauend hätt' ich mit der hohlen Hand mir jetzt Trinkwasser geschöpft – doch hatte ich keinen Durst … Als Georg einen längeren Abschnitt betrachtete, dabei den bewachsenen Uferüberhang im Blick, da erinnerte er: *„Da drunter, da sind Forellen gestanden, wie mir noch Kinder warn, da hammer uns welche g'fangä, und ah Krebse hat's noch lang gegeben …"*

Ob wir nicht einfach mal ein paar hundert Forellensetzlinge kaufen sollten? Georg antwortete: *„Des ging vielleicht, aber die Forellen bleiben ja nicht lange stehen, und wenn Schwemmholz den Bachlauf absperrt, da kommen die nicht weiter …"*

Da erinnerte sich Willi: *„Des is scho lang her, da habn sie in Siedelbach im Großen Kartoffeln gedämpft und dann die ganze Brüh ins Bächla laufn lassn – und seither is mit die klann*

Fisch aus, und natürli auch mit die Krebs, obgleich is Wasser selber ja wieder ganz sauber is …“

Weitergehend am Bächlein stromabwärts entlang, da gewahrte ich Brombeersträucher, deren Früchte allerdings wegen der Trockenheit wie verschrumpelte Zwerghutzeln anmuteten.

Georg wies am linken Ufer auf ein Steilufer hin: *„Die Rote Wand … da simmer gern nauf-g'räbblt …“*

Jetzt machte mich Willi auf unzählige grüne Fichtennadeln auf dem Waldboden aufmerksam: *„Des is is erste Zeichn, daß ä Baum vom Borkenkäfer befalln ist …Da falln die Ohgln ab. Und etz, schau der mal die Rindn an!“*

Willi sagte *Ohgln* zu den Fichten-Nadeln – das Wort kannte ich bislang noch nicht.

Ich erschrak. Wie konnte ich diese nackten Stämme bisher übersehen haben? Ein grausiges Tot-Rotbraun – ohne Rinde: so standen mehrere Fichten nebeneinander – und ohne Grün ihre oberen Zweige.

Wir brauchten nur ein paar Schritte weiter gehen: da standen an die zwanzig Fichtenstamm-Leichen – in schauriger Mahngestalt; und Willi, mit unverhohlenem Zorn: *„Wo nix rauskommt, also nix rausgeschlagen wird, wenn der Käfer alles zerfressen hat und seine Eier ausg'schlupft senn, dann fliegen die ganz einfach zu die Nachbern nüber, wo's weiter bohrn und fressn …“*

Wir kamen zu einer Stelle, wo am Hang rechter Hand fast alle befallenen Bäume schon geschlagen und hinausgeschafft worden waren: *„Des is kein Wald mehr! Des hat biblische Ausmaße – wie die Heuschrecken in Ägypten …“*

An der Kahlschlagstelle maß ich mit Armlänge den Durchmesser einer einst stämmigen Fichte: wir waren uns einig, dass das schätzungsweise an die 80 Zentimeter waren.

Nun fiel mir über dem Untergrund die bizarr herausragende Wurzel eines beim Sturm umgestürzten Baumes auf: *„Des is ein verwunschener Baum“*, sagte der Paul.

Wir passierten die Bachstelle, wo zwei uralte Eisenrohre noch immer im Bachbett liegen – allerdings im Lauf der Zeit weiter südwärts verschoben. Beim Unterlauf wies der Georg auf kleine Föhren hin, die er inzwischen nachgepflanzt hatte.

Wie wenn er uns nun aufheitern müsste, sagte er, auf einen starken Baumstamm deutend: *„An dem Baum simmer g'hängt – wie die Katz am Pressack …"* Was für ein treffliches Bild für vergebliches Tun.

Gestaltwandel – ein Wort, das im gesunden Sinne *das Werden,* also unser Leben als etwas sich stets Wandelndes bezeichnet. Jetzt aber bedeutete hier, angesichts der *Vernichtung durch Borkenkäferbefall,* dieser *Gestaltwandel* eine Art von Untergang, von erzwungenem Anders-Werden. Die *abgetöteten Fichten* erinnerten mich an den *Todesstreifen* an der innerdeutschen Grenze; mehr noch: mir fiel der Titel von Ernst Wiecherts Bericht über seine Gefangenen-Zeit im *Konzentrationslager „Buchenwald"* bei Weimar der Hitler-Teufels-Jahre ein – sein *Totenwald* ist 1946 erschienen.

Willi zeigte mir an befallenen Fichten die abgefallenen *Schelfen,* also die verlorene Rinde; er wies mich auf die gut sichtbaren Bohrlöcher hin, die vom *Bohrmehl* umgeben sind; an anderer Stelle hatte ein Förster, der den zuständigen Kollegen für eine Weile vertrat, das *rote K* an etliche Stämme gesprüht: *KÄFER!*

„Wenn des so weiter geht", sagte der Georg, *„dann kann' i vo Siedlbach aus in fünf Jahr bis zur Mittelmühle schaua – nacher gibt's da kann Wald mehr …"*

Wir waren bis zu der Stelle gekommen, wo die *13 Wässerli* nur noch am linken Ufer vom Wald gesäumt werden, indes sich vor uns die lange Waldwiese auftut, die sich hinab bis zur *Mittelmühle* erstreckt. Da steht noch eine gewaltige Eiche, die mit ihren Wurzeln längst den dort befindlichen *Markstein* überwachsen hat.

Nun zeigten sie mir etwas, das ich in all den Jahren zuvor auch noch nicht wahrgenommen hatte – vielleicht wegen des hohen Wiesengrases: Da sind tatsächlich noch Steinmauerreste zu sehen – *„und damit is der Bach umgeleitet und aufg'staut worn, damit mer die Wiesn hat bewässern könna."*

Angesichts des unleugbaren *Gestaltwandels* jetzt ein Stimmungswandel – ins Erheiternde; Georg sagte im Rückblick auf seine Kindertage, wenn sie vom Dorf aus durch die *13 Wässerli* stromerten oder strolchten: *„Da hammer immer g'sacht: Gemmer bis zum Frosch!"* Dabei trat er nahe ans Bachufer, von einem Busch im Bachwasser, gut getarnt, da erhebt sich ein vom Wasser glatt geschliffener Steinbrocken, *„und der schaut aus wie ä Frosch, bevor er vom Boden wegspringt …"*

Würde ich in diesem Stein-Frosch ganz vorne sein gelbschwarzes Auge hineinmalen – jeder könnte diese Froschgestalt erkennen, die unsichtbaren Hinterbeine dazu ergänzend.

Beim Rückweg aus den nun im Gestaltwandel erlebten *13 Wässerli* sannen wir über bezahlbare und wie verteilbare Gegenmaßnahmen nach – für mich war ein Schatten gefallen auf die bisher für unversehrbar gehaltenen *13 Wässerli.*

An Georgs Wundstelle machten wir nochmal Halt: *„Des is nemmer mein Wald … Aber des muß' i dir no zeigen …"* Wir stiegen hangan, zwischen noch fortzuschaffenden Ästen, die vom *Entasten* der gefällten Fichten herumlagen, und nun sah ich, in einer Hangmulde, den angekündigten kleinen Steinbruch, der früher wohl genutzt wurde. Wenn wir mit Hacken und Spaten alles beiseite schafften, ließe sich das kleine *Steinbrüchlein* wieder herstellen … Georg winkte ab.

Wir sahen die nicht gefährdeten Föhren, die als Bollwerk gegen die Borkenkäfer-Invasion standhalten; ein paar Schritte weiter steht dort ein Eisenwagen, der einst gut geeignet zum Stamm-Abtransport gewesen wäre; Georgs resignierte Antwort: *„Ich wollt' noch neue Reifn draufmachn … Aber die junga Leit wolln des nemmer ... Etz soch'is dem Eisenhändler …"*

Als ob an einem Zipfelchen noch die Welt hier in Ordnung wäre, da sprang jetzt munter ein Feldhase aus seiner Sasse heraus und wetzte in alter Hasen-Eile im Zick-Zack-Schnell-Hoppel-Lauf auf die nächste Deckung zu.

Erfreut und bekümmert zugleich bedankte ich mich bei den drei Freunden für dieses Gang-Geschenk, während dem keiner auf die Uhr geschaut hat, und jeder trank noch ein Glas Bier.

Zuvor hatte mir Willi noch einen Stick mit seinen Fotos gezeigt, als es im Jahr 2012 noch einen richtigen Eiswinter in den *13 Wässerli* gab, wo er seine Enkel Johanna und Aron auf echtes Glatteis geführt hat. Dieses Dokument durfte ich in das Buch aufnehmen … *(siehe S. 98 ff)*

Tags darauf beging ich unseren gemeinsamen Weg nochmals – die Fotografien zeigen das *Nah-Beieinander* von *Toter-Wald* und dem *Noch-intakten-13-Wässerli-Wald.*

ZWISCHEN LEBENDIG TOT

Konrad Rühl

Auf dem Baumstumpf einer gefällten Fichte: Mit Goethes *West-östlichem Diwan*

Ein paar Tage danach

Mit Goethe in den Wald?

„Eine Zumutung! Was willst denn mit dem?“

Ja, mit Goethe!

Mit Goethe in diesen Wald, denn … *Goethe reist durch Franken*: Unter diesem Titel schilderte Georg Hetzelein Goethes Bezüge zu Franken, die am 4. November 1797 während einer Reise begannen; überdies mochte Goethe Frankenwein aus Würzburg.

Aber Goethe, dieser Tausendsassa, gab mir gerade jetzt sehr zu denken: Denn nach dem Gang mit den drei Freunden zum vom Borkenkäfer zum *Totenwald* verwandelten Kahlschlag, da stieß ich auf ein religiöses Manifest Goethes: auch er kannte die ‚heilige Scheu', wonach es zu den Grundpflichten eines jeden Menschen gehöre, das Wasser nicht zu verunreinigen …

Ich schlage auf dem Baumstumpf einer gefällten Fichte Goethes *West-östlichen Diwan* auf:

„Dieses Buch ist völlig Geist …

Man kann sagen, wenig bekannt …

Und doch ist es eine Bibel.“

So rühmte Hugo von Hofmannsthal Goethes *West-östlichen Diwan* in seinem Vorwort einer 20 Bände umfassenden Ausgabe von Goethes Werken, die ich von meinem Lehrer-Vater geerbet habe; sie erschien in der Reihe der *Pandora-Klassiker im Verlag Ullstein, Berlin, o.J.* – Vater hat sie 1932 erworben: *„nach meinem 1. Lehramtsexamen“*.

Aus jenem *Band IV* hatte ich nur diese zwei Zeilen im Kopf:

„Schwerer Dienste tägliche Bewahrung,

Sonst bedarf es keiner Offenbarung.“

Diese Behauptung hat sich mir eingeprägt: als ein *Gegen-jede-Offenbarungs-Religion.*

Nun erst öffnete sich dieses *Gedichtbuch,* und ziemlich spät entdeckte ich dabei, dass dazu auch als *Anhang* seine *Noten und Abhandlungen* gehören … Eine Überraschung tat sich auf: Goethe begab sich in einen *reinen Osten,* der sich geografisch wohl in den Weiten des alten *Persien* befinden musste, und er wollte:

„In des Ursprungs Tiefe dringen,
Wo sie noch von Gott empfingen
Himmelslehr' in Erdesprachen
Und sich nicht den Kopf zerbrachen."

Ich war über diese klare Gewissheit erstaunt: Goethe ist sich sicher, dass also ureinst Menschen etwas *von Gott empfingen;* sie nahmen *Himmelslehr'* auf und entgegen – allerdings kühn eindeutig: *in Erdesprachen,* deren es bis heute ja schier unzählige gibt, so dass zu allen Zeiten die *Himmelslehr'* auf deren jeweils eigene Auslegung und Erklärung angewiesen bleibt.

In diesem Anhang, worin Goethe dem *Vermächtnis des alten Parsen* nachspürt, kommt er auf den *Gottessinn* der damals Lebenden zu sprechen; dieser *Sinn* gab ihnen auch Gebote und Verbote ein: *„Nicht lügen, keine Schulden machen und nicht undankbar sein."* Das könnte ebenso heute als Richtschnur dienen wie die *„heilige Scheu, das Wasser, die Luft, die Erde zu besudeln."*

Dies Einleuchtende bedenkend, da schaute ich auf das klare Wasser des *Siedelbaches,* der *in die 13 Wässerli* wie seit Urzeiten munter und ungetrübt dahinfließt. Freilich: eine chemisch-exakte Wassergüte-Messung kann ich nicht vornehmen, aber meine Trinkprobe mit der Schöpfkelle meiner Hand war mir als gutes Zeichen genug. Hier muss ich mir nicht den *Kopf zerbrechen.*

Mich umschauend, da sah ich grünen *Wurmfarn, Bergahorn, Kiefern, Holunder, Brombeerranken* und an breitblättrigen Stauden die schwarzen Kugelfrüchte der *Tollkirsche*. Nur einmal sah ich bislang, am Brücklein, eine zertretene Getränke-Blechdose. Alles gut! *Alles gut?* Alles nicht: ich sah ja auch die beiden Waldflächen, auf denen die vom Borkenkäfer befallenen Fichten geschlagen waren.

Nach meinem Gang mit den drei Freunden zum *Toten-Wald* hatte ich einige Tage später die Digitalkamera mitgenommen. Die Bilder, die ich mitbrachte, erwiesen sich als unbestechliche Augenzeugen – technisch gesehen, denn ich hatte ja die Bildausschnitte selbst ausgewählt. Das Fotografierte erwies sich als dokumentarisch-protokollarisches *Zutreffend.*

Aber genügte das als *Beleg?* Wird so ein *Abbild* genügen, um sich *ein Bild machen zu können* vom Ausmaß des Verlustes?

Immerhin kann so ein *Abbild* einen *Einblick* in das Vernichtende und schon Vernichtete geben. Ich nehme an, dass meine Aufnahmen etwas wahrgenommen haben, um zu einer *Hinschau-Einladung* zu werden.

Ja, dieses fotografierende Herumstreifen hat auch etwas vom *Auflauern* – nicht in hinterhältigem Sinne, sondern eher wie das gespannte Beobachten eines Jägers von seinem Hochsitz aus.

Ich kam mir vor wie *auf der Pirsch.*

Als ich flussabwärts den vertrauten Weg einschlug in Richtung Waldwiese vor der *Mittelmühle,* da hörte und sah ich einen Traktor samt seinem mit Stämmen beladenen Anhänger davonfahren.

Beim Weitergehen vernahm ich eine andere Maschine; ich war beim großen Kahlschlag am rechten Hang-Ufer angelangt; dort erblickte ich am oberen Rand das grüne Ungetüm mit seinem roten Heck und seinen roten Greifzangen. Um dorthin zu gelangen, musste ich zuerst durch Brombeergestrüpp; auf Kratzer kam es mir nicht an; meine Kleidung brauchte ich nicht zu schonen. Ein paarmal blieb ich hängen und stürzte in den Verhau …

Endlich hatte ich die vermeintlich freie Fläche erreicht, doch nun begann die nächste Kletterei: über umgesägte Bäume; ich versank im Gewirr der Äste, blieb hängen, fiel der Länge nach zwischen Stämme, blieb wieder hängen …

Ich kam mir wie beim kindlichen Indianer-Spielen vor, wobei keine Schramme zählte; und wenn ich auch mehrmals stürzte, ich war mir sicher, dass ich mir kein Bein brechen werde.

Endlich erreichte ich einen befahrbaren Pfad, den der *Harvester* und anderes schweres Gerät sich selbst planiert hatten – dem Weg hätte ich folgen können, aber ich wollte den waghalsigeren Stamm-über-Stamm-Pfad bis zu dem grünen Fahrzeug gehen.

Das Fahrzeug hob mit dem Greifarm liegende Stämme so zur Seite, dass sie geordnet abtransportiert werden konnten. Vorsichtig bewegte der Mann sein Fahrzeug mit den breiten Reifen, vorwärts, wieder rückwärts, behutsam rangierend.

Der Mann sah mich wohl kommen; als ich auf der einen Seite seines Fahrerhauses angekommen war, winkte er mich auf die andere Seite. Er machte den Motor aus, öffnete die Tür, und ich schilderte ihm die Absicht meines Fotografierens.

Es entspann sich eine Unterhaltung. Der Mann schilderte seinen langen Arbeitstag; zu den Borkenkäfern sagte er: *„Die sind halt mehr wie wir …“*

Ich fragte ihn, ob ich ihn fotografieren dürfe und, wenn ein Bild von ihm ins Buch käme, ob ich seinen Namen nennen dürfe … Bereitwillig zog er eine Visitenkarte hervor: über *Konrad Rühl* stand *Forstarbeiten – Bauhilfe – Zertifizierter Forstbetrieb nach RAL.* *(siehe Seite 174)*

Beim Weitergehen folgte ich nun dem befahrbaren Weg, der improvisiert wirkte – vermutlich werden in Kriegszeiten auch so *direkte Schneisen* angelegt …

Nun sann ich über den Unterschied von *Forst* und *Wald* nach: *Forst* bezeichnet die wirtschaftliche Nutzungsseite des *Waldes.*

Bald hatte ich die Stelle erreicht, wo Georgs *Stein-Frosch* sein musste. Bei näherem Hinsehen hatte der glatt anmutende Block tatsächlich die abstrakte Form eines hockenden und zugleich sprungbereiten *Frosches;* die nicht vorhandenen langen Sprungbeine ließen sich leicht dazu denken. Während dieses Ganges sind zwei kleine Fröschlein vor meinen Schritten weggehüpft – der Gestalt nach werden es kleine *Grasfrösche* gewesen sein; ihre dunklen Flecken deuteten darauf hin: also Kröten waren es keine.

Beim weiteren Rückweg, nun auf der anderen Bachseite, musste ich eingezäunten Baumbestand umgehen. Als ich an dem Graben anlangte, der in das Seitentälchen mit einem Fuchsbau abzweigt, da kapitulierte ich bald vor dem Dorngestrüpp: kein Durchkommen! Eine Machete hätt' ich gebraucht oder zumindest das breite und vorne gebogene Haumesser, eine *Roncola,* wie sie von Olivenbaum-Bauern in Italien gebraucht werden; beim nächsten Mal werde ich so eine dort erworbene *Roncola* aus meinem Stadt-Arbeitszimmer mitnehmen … Wohl oder übel musste ich bei einem Holzstoß nun doch über den Sperr-Zaun klettern und dann am Bach unter ihm hindurchkriechen.

Zuhause angekommen, da sah ich, nach dem Ausziehen, dass ich an Armen und Beinen etliche blutige Hauteinrisse davongetragen hatte. Die grüne Creme von *Weleda* wird das rasche Verheilen bewirken.

Neidhardswinden, am 17.10.2018

Da findet der Georg ...

... einen Fichten-Falter

Ein paar Tage später wollte ich am heiteren Nachmittag erneut in die *13 Wässerli* – im Sinne Goethes: *„und nichts zu suchen war mein Sinn“* ... Nur die Kamera hatte ich dabei; den Kompass nicht, denn dazu hätte ich die *Topographische Karte 1:25000, Blatt 6430 Emskirchen,* zum Einnorden vor Ort gebraucht.

Nach wenigen Schritten, ab dem oberen ‚Stausee', vernahm ich das Geräusch einer Motorsäge; es kam von Georgs Kahlschlagstelle: Also umkehren!

Beim Rückweg, hangan, fielen mir am Waldrand verschiedene stattliche Bäume auf: *Eiche, Bergahorn, Esche, Föhre* und *Birke*. An der Wiese mit einigen Streuobstbäumen waren die hellen Schnittstellen der gefällten Fichten gut zu sehen.

Beim Näherkommen erkannte ich Georg, der mit seiner Motorsäge ein übriggebliebenes Stammstück kürzte, das ihm vermutlich zu weit über den Wurzelstock herausragte.

„Was machst'n mit dene?“

Georgs Antwort: *„Die bring' ich in meine Scheune da oben am Waldrand. Wenn die Trümmer ein Jahr lang trocknen, gibt's Brennholz. Ich will die Fläche aufräumen ... Weißt ja, ich bin gelernter Metzger, und da war das Aufräumen nach der Ärbert des Selbstverständlichste ... Und dann hab ich mir schon eine Egge geholt, um den Boden ä weng aufzureißn, damit darin Samen angehn ...“*

Und alsbald, beim Blick hangabwärts zur kleinen Kuhle des einstigen Steinbrüchleins, da erzählte er, dass sie als Kinder dort ihre Höhle hatten: *„Da hammer uns än Baum selber g'schlagn, ham' ihn zersägt und des warn dann die Dachbalken für unsere Höhle; dann hammer Äst drüber g'legt, und da hat uns dann kanner g'sehn ... Mir ham' uns sogar ä Regal neibaut für unser Zeuch, und da hammer ah was g'essn ...“*

Kinderzeit-Seligkeit, mit strahlenden Augen erzählt – mit dem Nachsatz: *„Des machen die Heutigen nimmer! Da siehst* *kann mehr vo die Junga, die im Wald rumräubern; die sinn mit ihre Kompjuterspiele wo ganz anders ... Mir ham da halt Räuber und Schandarm g'spielt ...*"

Ich schlug Georg vor, doch einmal, wenn all das herumliegende Geäst weggeschafft ist, die Sandsteinblöcke soweit sauber zu machen, dass man den Steinbruch wieder richtig sehen kann ... „*Wenn du Zeit hast, kannst'es machen ... ich net!*"

Sprachs und ließ die Motorsäge wieder an. Das zwei handteller-breite helle Holzstück, das er nun abgeschnitten hatte, drehte Georg um – und als ich die symmetrische Form sah, sagte ich: „*Des is ä Fichten-Falter!*"

Darauf er: „*Den kannst hamm – fliegn wird' er aber net ...*"

Beschenkt ging ich zum Auto zurück.

Schlendern, nur schlendern und Farbtönen lauschend

Lackrotes Knall-Rot: feucht glänzende Kügelchen – daneben das Blattwerk einer giftigen *Zaunrübe.* Ein andermal das Stumpf-Rot der klein-dattelförmigen Mehlbeere. Ein Schuß Matt-Rot an Rändern von Bergahorn-Blättern. Beim Rückweg die Rinde einer Esche: als trüge sie ein dunkelrotes Herbst-Rinden-Gewand: Es sind längliche Flecken von rost-rotem Flechten-Besatz.

Im *Moos*-Grün, fast wie bei einer *grünen Partitur:* lauter grüne Halbtöne – mal Wiesen-Grün, mal Tannennadel-Grün, eher Weißtannen-Grün denn Douglasien-Grün: Ein abgebrochenes Zweiglein duftet nach einer Zitrusfrucht – oft fehlt mir das Wort für die eindeutige Bezeichnung dafür.

Moose ... *„Von den Pflanzen unserer Heimat werden die Moose von den Pflanzenfreunden am wenigsten beachtet ... Das liegt wohl nur zum Teil an ihrer Kleinheit. Ebenso ausschlaggebend ist, daß die Moose trotz ihrer Mannigfaltigkeit im Gesamten vielfach einander sehr ähneln.“* So steht es im *Kosmos-Naturführer, Unsere Moos- und Farnpflanzen* (Stuttgart, 1956).

Krippen-Moos – egal, welche Farbe ihre Polster haben: wer eine bayerisch-fränkische Krippe baut, braucht sie nur als *Waldlandschaft ...* Brauchen wir dazu ein Wissen, wonach Moosen und Farnen die eigentliche Blüte fehlt? Wie *Algen und Pilze* stehen sie *klassemäßig* vor den *Blütenpflanzen.*

Nein, ich lasse mich jetzt nicht ein auf die *Sporen* der Moose, und ich verzichte weiterhin auf eine Unterscheidung der *Laubmoose!* Mag es hier durchaus das *wellige Gabelzahnmoos* geben oder das *Ordenskissen (oder Weißmoos)* sowie das *echte Zypressenschlafmoos* – ich schaue im Herbst, ehe der erste Schnee fällt, nur auf dunkel- oder hellgrünes *Krippenmoos.* Auch die *Lebermoose* lasse ich außer acht, ebenso die *Tüpfelfarngewächse.*

Während unseres Spät-Oktober-Ganges zu fünft, da sind die beiden Enkelbuben inzwischen umgekehrt, um an der ihnen schon vertrauten Staudamm-Stelle, beim Holzbrücklein, mit Backsteinen eine neue Staumauer zu errichten – wir indes, Thomas, Aurelia und ich, gingen weiter, und da wurde mir klar, wie steil es an der linken Uferseite hangan geht; dort erblickte ich eine hochgewachsene Fichte: ihre Flachwurzeln reichen bis zur Kante einer Steinplatte, die mir bislang noch nie aufgefallen ist. Dieser graugrüne Felsvorsprung sieht aus wie ein Höhlendach …

Beim Nähersteigen wirkt diese Platte keilförmig, und aus einem anderen Blickwinkel ließe sich das Gebilde so deuten: als wäre es der obere Teil eines Wildtier-Rachens, weit aufgerissen, so dass ich an die Höhle der russischen *Baba Jaga (siehe Seite 152)* dachte und sogleich Musik von Modest Musorgskij im Ohr hatte: *Bilder einer Ausstellung,* sein berühmter Klavier-Zyklus.

In Fichtenwipfeln leuchten unzählige Fichtenzapfen mit ihren hellbraunen *Deck-Schuppen*, unter denen die Samen geschützt auf ihren Austreib-Auftrag warten – trotz des nahen Fichten-Sterben-Waldes.

Mit einem Mal sehe ich einige Buchrücken aus meiner Kinderzeit vor mir: *Horst im Försterhaus* von Erich Kloss. Ich habe diese Bände, mit konturenscharfen Schwarz-Zeichnungen von Moritz Pathé verschlungen. Diese *Schneider-Bücher* des Autors von *Horst will Förster werden* erreichten damals eine eineinhalb Millionen-Auflage. Ein Junge, bei dem sich die Sehnsucht nach einem Wunschberuf herausbildet, unterstützt vom Onkel, in der Nachkriegszeit, und eines Tages mit einem Fernglas bedacht.

Waren das Wegweiser-Bücher? Jedenfalls zeigten sie auch Gefährliches: das Schlingen-Stellen eines Wilddiebes oder wie Waldarbeiter mit Breithacken einen Feuer-Aufhalte-Graben in den Waldboden bei einem Waldbrand schlagen …

Diese Lektüre taugte für *KM ab 8 (Knaben und Mädchen ab 8 Jahren)* … War das nicht auch für mich ein früher Ideal-Magnet-Impuls oder nur ein Buben-Traum?

Ein paar Tage später, am Allerseelen-Tag, fuhr ich diesmal allein über *Kemmathen*, um von dieser Westseite her einen anderen Zugang zum *13-Wässerli-Wald* zu erkunden.

*

Von wenigen Wegen und zwei Straßen durchzogen, ist dieses Waldstück ein nahezu *geschlossenes Ganzes*: im Süden begrenzt durch die Ortschaften *Lenzenhaus, Unterulsenbach, Wolfsmühle, Mittelmühle* (Blatt *6530 Langenzenn, Topographische Karte 1:25.000),* und im Westen und Norden (Blatt *6430 Emskirchen*) mit *Kemmathen & Siedelbach.* Ein Waldstück zwischen *Höhen* und Tiefen von 398, 379 bis zu 331 und 338 Metern. *(Siehe Seite 12)*

FARBEN-FÜLLE ERFRISCHT

Kaisermantel

Rechts oben auf Wiesenmöhre: Sommer-Landkärtchen

Panther vom Rio Parana

99 Jahre wartete ein *Keuper-Bunt*-Buch auf mich

Landschafts-Einblicke dank eines Werkes vom Nürnberger Hans Scherzer

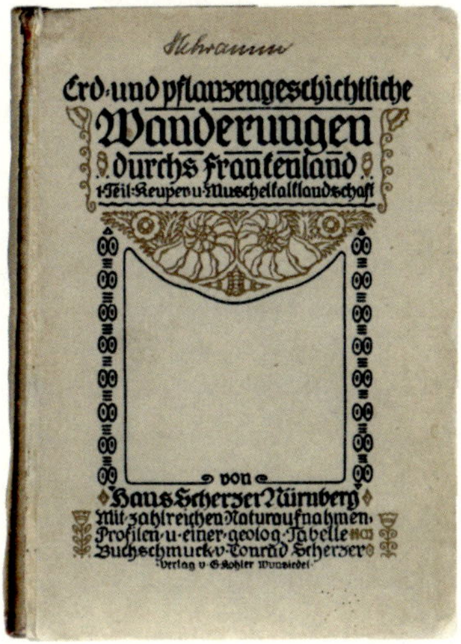

Nach einem abgeklungenen Sturzregen, vor einigen Jahren, hatte sich unser *Neidbächlein* wieder in sein durcheinandergewirbeltes Bachbett gefügt. Mit Gummistiefeln stapfte ich durch sein Wasser – bis meine Augen ein Steinbrocken festhielt: ich hob den an Mulden-Blasen-Reichen auf und war augenblicklich überzeugt, dass ich ein Stück ursprünglichen *Blasensandstein* in Händen hielt. *(siehe nächste Seite)*

Den trug ich als kostbaren Form-Fund ins *Opelhaus.*

Einem Besucher band ich den Bären auf, dass dies ein vom Mond gefallener Steinbrocken sei – denn genauso muldenreich schaue ja unser Mond aus, wenn wir ihn mit dem Fernglas betrachten.

„Des glaub' ich aber net!" war seine Antwort.

Warum diese Erdschicht bei uns *Blasensandstein* heißt, wusste ich noch nicht.

Ich stieß auf ein schmales Buch, das neben dem zweibändigen Werk *Franken* von Conrad Scherzer stand. Das konnte kein Zufall sein, denn, so der Franzose Léon Bloy, *„der Zufall ist eine Verkleidung des Heiligen Geistes!“*

Zur rechten Zeit schlug ich im Herbst 2019 das Buch von Hans Scherzer, Nürnberg, auf: *Erd- und pflanzengeschichtliche Wanderungen durchs Frankenland;* versehen mit *Buchschmuck von Conr. Scherzer* war das Werk 1920 in Wunsiedel erschienen.

Beim ersten Durchblättern stieß ich darin auf eine anschauliche Skizze *(S. 88)* zur *Fränkischen Stufenlandschaft:* sie zeigt als *härtere Schicht* den *Blasensandstein* – über der *weicheren Schicht* vom *Lehrbergton,* der seinerseits wiederum über einer *härteren Schicht* liegt, dem *Schilfsandstein,* den ich aus den Obernesselbacher Steinbrüchen kenne.

Ebenso anschaulich und schematisch übersichtlich war die *Fränkische Stufenlandschaft* dargestellt.

Endlich begriff ich, 99 Jahre nach Erscheinen, dass das Wort *Keuper* oder *Kiper* oder *Köper,* als *fränkisch-thüringischer Provinzialausdruck,* nichts anderes bezeichnet als *„buntgewebtes Zeug“.*

Geologen verstehen unter dem *mittleren Keuper* – also *Burgsandstein, Stubensandstein, Blasensandstein, Lehrbergschicht, Schilfsandstein* und *Gipskeuper* – den *Bunten Keuper.*

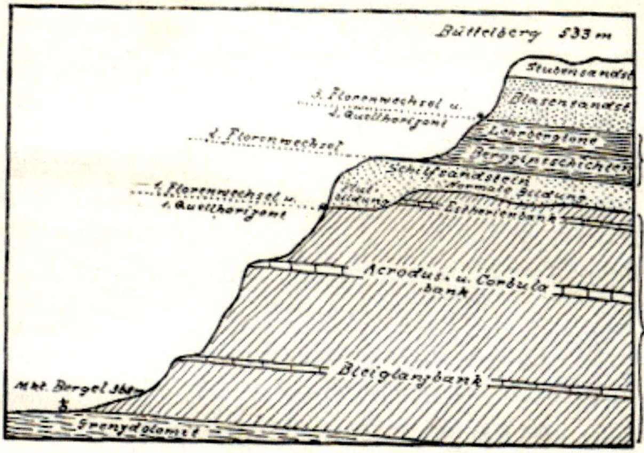

Profil 7. Gestaffelter Steilabfall der Frankenhöhe gegen den Uffenheimer Gau. Bleiglanzbank, Corbulabank und Schilfsandstein als deutliche Stufen in der Landschaft sichtbar.

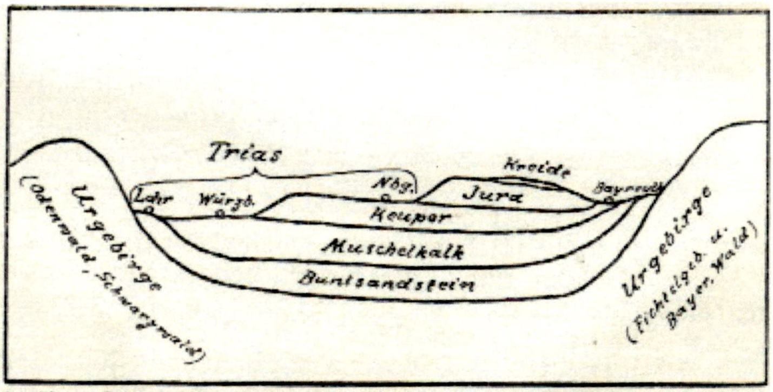

Profil 9. Schematische Darstellung der **Fränkischen Stufenlandschaft** im Querschnitt. (Vergl. auch Profil 8 und 15.)

Die ausgewaschenen blasenartigen Mulden im *Blasensandstein* stammen also aus eingelagerten Tonen, die vom Wasser später wieder ausgeschwemmt worden sind.

Nun war mir endlich klar, weswegen der Bachgrund in den *13 Wässerli* manchmal aus kleinen roten und blauen Steinchen besteht – und wenn ich an manche offene Erdschicht oberhalb des Bachbettes schaue: da ist es wieder, das rotblaue *Keuperbunt.*

Tief eintauchen

Welt-Einblick, ganz nah

„Auch gruben Isaaks Knechte im Grunde und fanden daselbst einen Brunnen lebendigen Wassers.“
(1. Mose 26,19)

In der Heiligen Schrift finden sich Stellen, in denen das *lebendige Wasser* als ursprüngliche und echte Lebenskraft genannt wird.

Wer mit eigenen Augen und Ohren das Hervorsprudeln von lebendigem Wasser erlebt hat, wird dies Unvergleichbare wohl kaum mehr vergessen und fortan wissen, dass es dafür keinen Ersatz gibt.

Im Neuen Testament indes, im *Johannes*-Evangelium (Joh 4,13-14), wird die *Quelle* des *lebendigen Wassers* als Person erkannt, wenn Jesus, im Vergleich mit dem natürlichen Quellwasser, von seinem *Blut* (beim Abendmahl) sagt: *„Jeder, der von diesem Wasser trinkt, wird wieder dürsten; wer aber von dem Wasser trinkt, das* ich *ihm geben werde, wird in ihm zu einer Wasserquelle werden, die zum ewigen Leben sprudelt.“*

Nahe daran sein: an einer Quelle, die unversiegbar scheint – auch dies haben die *13 Wässerli* zu bieten. Wir könnten also gleich hier mit dem Welt-Verstehen beginnen …

In dem fünfbändigen Werk von Dieter Aichele und Heinz-Werner Schwegler *Die Blütenpflanzen Mitteleuropas,* (*Band 1, Stuttgart 1994*) las ich im Kapitel über die Lehre von der Gestalt und dem Bau der Pflanzen, *Morphologie der Pflanzen,* als erste Sätze:

„Leben ist im Wasser entstanden und bis heute an dieses gebunden. Alle Lebensvorgänge laufen – auf Zellebene – in wäßriger Lösung ab. Doch Wasser steht auf dem Lande nur in beschränkter Menge, nicht überall und auch nicht jederzeit gleichmäßig zur Verfügung.“

Dieser Satz hat offenbar ewige Gültigkeit.

Mit Wasser leben und dabei zugleich erleben den „Einfallsreichtum der Natur“: Auch das ist hier auf der Stelle möglich.

Nun folgt im selben Buch diese Auskunft: *„Wie immer steckt aber auch hierbei der Teufel im Detail, und wenn letztlich das Leben an Land gesichert ist, erhebt sich die entscheidende Frage nach dem Fortbestand dort.“*

Ich vermute, dass zum *Wasser*-Lebensgrund auch *Schöpfungs-Geist* unabdingbar Voraussetzung ist: also göttlicher Schöpfergeist.

Ebenso unersetzlich wird es sein, sich zwischendurch einmal bewusst zu machen, was in dieser Schöpfung unumgänglich erforderlich ist, wenn *Fortbestand* möglich bleiben soll.

Da braucht es bei der Samen-Pflanze drei ‚Bausteine’: *Wurzel, Sprossachse, Blatt.* Auch das ist hier zu sehen – wenn’s nicht gerade Winter ist. Nur ein wenig mit bloßen Händen graben, und schon sind *Saugfäden* zu erkennen, die Wasser aufnehmen, um damit *Nährsalze* aus dem Erd-Grund zu holen. Wie dies geschieht, können wir mit bloßem Auge niemals sehen.

Und schon beginnt das dazugehörige *Geheimnisvolle.*

Angesichts eines umgestürzten Baumes können wir erkennen, ob er ein *Tief-Wurzler* ist und wie sein *Mark* beschaffen war.

Würden wir nun einen Zeit- oder Blick-Sprung machen und dabei nach dem Heranwachsen einer Föhre schauen, dann sähen wir, dass ihre Rinde beim Wachsen Sprünge oder Risse bekommt, ohne dass der Baum selbst in Lebensgefahr geriete: befristete Stabilität: in Baumgestalt.

Wenden wir uns um und nehmen das Neben- und Miteinander der Gewächse an diesem kleinen Bach in seinem fränkischen Waldstück wahr, dann gewahren wir, dass hier *Zusammen-Leben* auf den ersten Blick eine *Symbiose* bildet.

Noch haben wir kaum eine Ahnung vom Wettkampf um Licht und Wasser zwischen all den Gewächsen.

Noch wissen wir vermutlich nichts über *Schmarotzer,* die hier ebenfalls mitbeteiligt sind. Aber das *Bild* der *Sym-biose,* des *Zusammen-Lebens,* bleibt als einleuchtendes Sinn-Bild – es stellt sich in die *13 Wässerli* wie von selbst ein.

Mache ich jetzt einen Gedankensprung, so bin ich in Markt Erlbach selbst, dem Haupt-Ort des *13-Wässerli-Landes.*

Als das einstige Wirtshaus *zum Löwen* schließen musste, da entschloss sich die Gemeinde, tatkräftig unterstützt vom Mäzen Leonhard Teichmann, das leerstehende Gebäude zu sanieren und neu zu nutzen – es entstand das *Bürgerhaus zum Löwen,* mit dem faszinierenden Motto: *Gemeinsam Gemeinschaft gestalten.*

Wenn hier nur am offenen Donnerstag Menschen zusammenkommen, vespern, trinken und miteinander reden, dann entsteht jenes Idealbild einer Gesellschaft, von der Manès Sperber, der Friedenspreisträger des Deutschen Buchhandels des Jahres 1983, träumte: Dass *Individuum und Gemeinschaft* erst dann gedeihen, wenn ein Mitsammen von freien Menschen entsteht, auf der Grundlage von *Ohne-wirtschaftliche-Not.*

Die Wege eines jeden Einzelnen sind verschieden, gleichwohl können sie sich streitlos kreuzen – das erlebte ich an so einem Oktoberabend des Jahres 2018: Da trafen sich im

Bürgerhaus Raimund Svoboda, der frisch gewählte Landtagsabgeordnete der *AfD (der aber bald danach zum „fraktionslosen MdL“ wurde),* mit der stattlichen Versammlung des *SPD*-Ortsverbandes, allen voran der einstige *Erste* Bürgermeister und Sozialdemokrat Peter Rudolph; und dazwischen seine Amtsnachfolgerin Dr. Birgit Kress von den *Freien Wählern:* Eines jeden politische Meinung blieb unangetastet respektiert.

Das erinnert mich an eines der späten *Turm-Gedichte* von Friedrich Hölderlin (1770–1843):

„Die Linien des Lebens sind verschieden
Wie Wege sind, und wie der Berge Gränzen.
Was hier wir sind, kann dort ein Gott ergänzen
Mit Harmonie und ewigem Lohn und Frieden.“

PS *Der offene Donnerstagabend im Bürgernhaus findet ab der ERBA-KERWA (letztes Augustwochenende) bis Anfang Juni statt.*

Zurück in die Pflanzenwelt längs unserer *13 Wässerli!*

„Symbiose: Zusammenleben und gegenseitiger Nutzen.“ Ich idealisiere nicht. Ich vertraue der Auskunft der Buchautoren: *„Friedlich kann man indes das Miteinander nicht nennen, denn beide schädigen sich natürlich gleichzeitig und ‚versuchen‘ auch, sich zu ‚betrügen …“*

Das sind höchst verwickelte Beziehungen – und dennoch bleibt das Ideal der *Symbiose.* Denken wir an die Märchen der Brüder Grimm, als die Menschen sich einst von „Wurzeln und Beeren“ nährten …

Ich könnte auf Anhieb jetzt keine Pflanze herausziehen, die uns ihre *Speicherwurzel* vorzeigte … Aber ich kann, zuhause, auf die Vorräte meiner Speicher-Wurzeln zurückgreifen, in der dortigen Hausbibliothek – etwa auf jene fünf Bände von Aichele und Schwegler; sie enthalten gesammeltes Wissen, nachschlagsicher. Dabei spielt gesichertes Wissen die Rolle von Gewissheiten: dass Pflanzen in der Lage sind, ein *„eigenes, selbsttragendes Gerüst zu bauen.“*

Dies könnte doch bei gutem Willen auch einer Menschen-Gemeinschaft in einem Ort gelingen – wenn sie sich um ein *selbsttragendes* Gemeinwesen bemüht, das rechtliche und wirtschaftliche Freiheits-Sicherheit gewährt.

Bin ich zu weit gegangen mit meinen Schlussfolgerungen angesichts der *Pflanzen-Vielfalt* in die *13 Wässerli?*

Ich schaue mich um: *Bunt sind schon die Wälder …* Und da weiß ich, dass hinter diesem wundersam bunten Farbereignis mit seiner vielfarbigen Schönheit zugleich organisch notwendige Prozesse ablaufen: Laubabwurf dient den Laubbäumen auch zum Sich-Entschlacken …

Wunderbar geheimnisvolle *Balance …*

Unstreitig: den Fichten bekam die 2018er Sommerhitze weniger als tiefer wurzelnden Laubbäumen; auch deren *Selbstschutz* ist nicht jeder Witterung gewachsen. Diesmal konnten sich die Wasserlosen nicht mehr wehren gegen die *feindliche Übernahme* durch die Borkenkäfer-Invasion.

Doch der *kleine Bach im Wald* gluckert noch immer wasser-munter … Und er wird auch die Verschüttung durch Baummüll überstehen: wenn die Waldbesitzer die Verwüstung selbst beseitigen.

Wir stehen an einer Puls-Stelle – mittendrin in der für uns schon kaum mehr überschaubaren *Frankenalb,* zu der auch, als Miniatur, unsere *Frankenhöhe* gehört: als Beispiel für den befristeten Fortbestand.

Neidhardswinden, am 3. November 2018

VIER-FARBEN-AKKORD

Am Roten-Hang

Abgestorbenes über fließend Grünendem

Keuper-Ufer-Schauseite

Neuangepflanzt vom Georg

Dank der Pflanzen Sich-selbst-Offenbaren ist ein Gleich-Gewicht zu erahnen

Zu meinen Lebens-Begleit-Geschenken gehören Bücher-Brocken, mit denen mich Ingrid immer wieder ausstattet. Mit dabei: die 6 Bände der *Briefe* van Goghs und die 33 grünen Bände *Deutsches Wörterbuch* der Brüder Jakob und Wilhelm Grimm; die Dichterin Sarah Kirsch schätzte *„zuvörderst den grünen Lindwurm der Grimmschen Brüder"*, zu dem sich ebenso gern die zehn violetten Aufklärungs-Fregatten vom *Handwörterbuch des deutschen Aberglaubens* dazugesellen.

Was wäre ich ohne solche nie leer werdenden Staudamm-Bücher? Sie treiben ja mit an die Turbinen meines Schreibens …

Neben den 5 Bänden von Theodor Fontanes *Wanderungen durch die Mark Brandenburg* stehen die 5 Schwergewichts-Buch-Kraftwerke von Dietmar Aichele und Heinz-Werner Schwegler: *Die Blütenpflanzen Mitteleuropas:* 1996 geschenkt bekommen, pro Band DM 198,00 – ein jeder ist seinen Preis wert!

Diese wie das Meer *Unausschöpfbaren* haben allesamt einen Vorzug: Als hilfreiche Auskunftei-Frauengestalten beschämen sie den Lesenden niemals, wenn er als Hilfloser gesteht, dass er vor ihrem *Alles* sich nicht als gedemütigter Zwergen-Kleiner vorkommt – denn sie nehmen mich behutsam an die Lese-Hand, wie Schutzengel, die nie böse werden, wenn ich sie außer acht lasse.

Eines Tages fiel in der weitaus kleineren Dorf-Haus-Bibliothek mein Blick wieder auf den grünen Buchrücken mit anthroposophischen Schriftzügen – anno 1988 erworben und bislang kaum aufgeschlagen: Wilhelm Pelikans *Heilpflanzenkunde. Der Mensch und die Heilpflanzen.* Statt Fotos mit Pflanzenzeichnungen versehen.

Keineswegs wollte ich in fortgeschrittenem Alter auch noch zu einem Heilpflanzen-Kundigen werden, doch schon die ersten Seiten zogen mich an.

Vielleicht lag es an den weiblichen Darbietungen der zur Abendzeit verschwenderisch sich öffnenden Blüten der hellgelben Nachtkerzen in unserem Dorf-Gärtlein: Jeder kann *striptease-live* zusehen, ohne sich dabei wie ein schamloser Voyeur zu fühlen, wenn sich da in den spitzen Blütenknospen *etwas* rührt – innerhalb weniger Minuten anschwillt, durch unsichtbare Kraftquellen vorangetrieben, aus dem Hellgrünen zunächst ein gelber Saum; der dehnt sich aus, und, mit Dostojewskijs geliebtem *Plötzlich,* siehst du, wie sich das Zartgelbe zum Blatt ausstreckt; noch ein Schnalzer, und schon sind die Umrisse der Blüte erkennbar; die Blüte streckt sich und, als ob sie eine Hand ausstreckte, bietet sie ihre Staubgefäße an, mit dem Stempel mittendrin, und sogleich springt dein Riechorgan an: was für ein zitronen-artiger Wohlgeruch!

So geht es eine gute Weile aufblühend weiter – als erste Angelockte treffen die in der Luft stehen könnenden *Taubenschwänzchen* ein, die mit ihrem gebogenen Saugrüssel auftanken.

Ich sah alles sehr wohl – aber da wirkte auch Unsichtbares mit.

Hier setzt nun Wilhelm Pelikan an: Er richtet, wie Goethe, sein Augenmerk *„nicht (auf) das vor den Augen erscheinende Gewordene, sondern das Werdende war ihm Forschungsziel; nicht das Gebilde, sondern das Bildende; und nicht das im Entstehen schon Vergängliche, sondern das in ihm Dauernde, das Bildungsgesetz, die Verwandlungsform, das Urlebendige, Wesenhafte."*

Ich las den Satz abermals.

Dann las ich von den *„drei großen Entwicklungsschritten"* …

„Im Anfang" muss es einen *„geistig-übersinnlichen Kraftbereich"* geben, der alsdann, sinnvoll, *„in die physisch-stoffliche Welt eintritt, und sich darinnen in sinnlichen Erscheinungsformen offenbart"*, worauf er aber wieder *„ver-geht"*, indem er *„in den Bereich des Übersinnlichen zurücktritt."*

Dieser Drei-Schritt … Ich könnte ihn mir so vorstellen: Die Sonne entzündet mit ihrer Lichtkraft einen Samen – daraus entwickeln sich Wurzel und Sproß, der entfaltet sich zum Blütenkelch, treibt die Blüte und die wiederum wird nun Same … Und all dies leitet, unsichtbar für uns, Sonnenkräfte in die Tiefe unserer Erde – und, wundersamerweise, auch in unser Gemüt, das ebenso unsichtbar bleibt wie unsere Seele, die sicherlich zu den *luftigen Geist-Wesen* gehört.

Ich freue mich immer wieder, wie da mitten im Bach die himmelsblauen *Vergißmeinnicht* wochenlang im Fließgewässer blühen – aber noch nie zuvor habe ich ihr pflanzliches Werden bedacht. Ich hab' sie nur angeschaut, als Blume-mit-Namen erkannt … Da öffnete mir Wilhelm Pelikan die Augen dafür: Dass die *„lebenstrotzenden Gebilde die wenig geformten“* sind …

Jetzt erst ging mir auf, dass *Same, Knospe, Wurzel* und *Trieb* die „am wenig Geformtesten sind …“

Gleichwohl, so Pelikan: *„Die Wurzel ist das vitalste Organ der Pflanze.“*

Und er fährt fort: *„Durch die Wurzel gehört die Pflanze der Erde und ihrem Kraftbereich an.“*

Nun ging mir eine Verwandtschaft auf: Unsere *Wirbelsäule* entspricht dem *Trieb* der Pflanze – bis hin zum *Stamm* eines Baumes. Und wenn wir auf unseren *roten Blutfarbstoff* schauen: er hat als polares Gegenüber den *grünen Chlorophyll-Blattfarbstoff.*

Wenn ich also fürderhin wieder in die *13 Wässerli* gehe, werde ich noch bewusster in einen *wahrnehmenden Kontakt* zur dortigen Pflanzenwelt treten. Ein erster Schritt dazu: dass ich dabei jede Pflanze als ein *weltoffenes Wesen* begreife.

Stelle ich neben die vom Borkenkäfer angegriffenen und zerstörten Fichten die offenbar *gesunden* anderen Pflanzenwesen, dann offenbaren sie dieses:

„Ein gesunder Organismus ist mit sich, in all der Verschiedenartigkeit der Kräfte und Impulse, die ihn bilden und glie-

dern und die Glieder im Ganzen harmonisch zusammenfassen, im Gleichgewicht. Er kann darum auch mit der ihn umgebenden äußeren Welt im Gleichgewicht sein.“

Ins Gleichgewicht kommen …

Wenn ich mich, nicht nur als Schriftsteller, sondern als Mensch empfinde, dann auch als ein *Geistwesen* – und nochmals Wilhelm Pelikan: *„Das Ich ist das Impulszentrum, aus dem er freies Schöpfertum entfalten kann.“*

Daraus kann sich auch ein neuer Blick auf meine *Mitmenschen* entwickeln.

Und wenn ich durch das freie *Luftige* der *13 Wässerli* gehe, meine ich: „Du bist selbst eine *Fortsetzung des Sonnenstrahls, der durch die Pflanze zum Mittelpunkt der Erde geht …“*

Seither richtet sich mein Augenmerk doch auch auf wenige *Heilpflanzen* – ich hege im Gärtlein *Rosmarin, Salbei, Thymian* und *Aronja-Beeren,* und auf dem Weg in die *13 Wässerli* schau' ich manchmal beim *Wacholder* vorbei.

Und so fügt sich immer wieder ein neuer Jahresring an, der Bewußtsein und Leben überhaupt erweitert: besser gewappnet gegen das tyrannische Nur-*Entweder-Oder.*

Jetzt kehren wir um und setzen uns ans höhere Ufer von dem wiederbelebten Winterungs-Weiherlein – ich habe diesmal einen CD-Player mitgenommen, und nun hören wir uns den Mitschnitt von Hélène Grimauds Preisträgerin-Konzert beim *Klavier-Festival Ruhr* vom 28. Mai 2015 an.

Sie spielte damals zum Natur-Klang-Schauspiel *Wasser* diese Stücke:

Luciano Berio: *Wasserklavier* – Toro Takemitsu: *Rain Tree Sketch II* – Gabriel Fauré: *barcarolle Nr. 5 in fis-Moll op. 66* – Maurice Ravel: *Jeux d'eau* – Isaac Albéniz: *„Almeria“ aus: Iberia Heft 2* – Franz Liszt: *Les jeux d'eau à la Villa d'Este, aus: Années de Pèlerinage, Troisième Année* – Leoš Janáček: *In den Nebeln, aus: Überwachsenen Pfaden* – Claude Debussy: *„La cathédrale engloutie 2“, aus: Préludes Heft I* – Johannes Brahms: *Sonate Nr. 2 in fis-Moll op. 2.*

ENTLANG DER WALDWIESE ZUR MITTELMÜHLE – INDIANERISCH

Rätselhaftes Blau und rotsträhniges Wurzelwerk im Unterlauf

Collage mit „Sience Fiction“ von Bodo G. Boden (1972)

Nach meinem zweisprachigen Gastspiel am 20. Oktober 2018, beim *Festival 100 Jahre Republik Polen* in Nürnberg, ausgerichtet von der *Polnisch-Katholischen Mission,* freute ich mich über das polnische Selbstbewusstsein und die Aufnahme-Bereitschaft der zahlreichen Polen, die seit Langem in und um Nürnberg leben und arbeiten. Die bunte Vortragsfolge fand im Freien statt, auf dem Platz hinter der Lorenzkirche.

Als ich nach vier Stunden nach Hause ging, spürte ich beim Weg über die Nürnberger Kaiserburg bis in die Schweppermannstraße eine Erschöpfung, die einem Grippeanfall glich, aber vermutlich das Ergebnis war von den sehr vielen Begegnungen in den zurückliegenden Tagen und sicherlich auch über mein Arbeits-Zugleich, das ich mir selbst zuzuschreiben hatte. Kurzum: ich fühlte mich krank und wollte an diesem späten Oktober-Samstag doch noch zum Schafkopfen in Siedelbach.

Danach blieb ich zwei Tage, heftig schwitzend, im Bett.

Nachdem ich morgens eine Medizin in Markt Erlbach abgeholt hatte und den vor der Apotheke seit Jahren gut gedeihenden *Gingko*-Baum ganz entlaubt sah, da fühlte ich mich für einen kleinen Gang an der frischen Luft halbwegs in der Lage.

Vom üblichen Rückweg, nach Neidhardswinden, bog ich Richtung *Blümleinsmühle / Mittelmühle* ab. Das war in der letzten Oktober-Woche des Jahres 2018. Die paar Kilometer bis zur *Mittelmühle* waren rasch zurückgelegt.

Von der *Ulsenbach*-Seite aus hatte ich noch nie näher betrachtet die Gebäude dieser einstigen Mühle und den langen Hühnerstall mit seinem Auslauf am südlichen Rande der Waldwiese, die den Unterlauf der *13 Wässerli* säumt. Ich war überrascht, als ich jemanden sah, der größere Mengen von Hühnereiern in sein bereitstehendes Auto lud. Ich las auf dem Schild des Hühnerstalls: *Geflügelhof. Eierverkauf Mo bis So von 8 bis 10 Uhr.* Da könnte ich ja mal versuchsweise Gaggerli kaufen …

Da ich nun schon mal hier war, suchte ich zunächst nach der letzten Strecke von den *13 Wässerli,* wenn der kleine Bach, nach Unterquerung der Straße nach *Unterulsenbach,* in den *Ulsenbach* einmündet. Mein Schuhwerk war für so einen Sumpfgang nicht das Richtige.

Nun schaute ich mich zuerst an der rückseitigen Passage *meines Bächleins* um: entlang des schätzungsweise hundert Meter langen Hühnerstalls. Da fiel mir auf dem Grunde der noch immer Wasser führenden *13 Wässerli* etwas *Blaues* auf: witzig-behelfsmäßig mutete mich das *Blaue Ding* an – mit einer Stromleitung verbunden, da saugte das offensichtliche Pümplein Wasser über eine recht dünne Schlauch-Zuleitung ins Innere des Stalls …

Ganz zum Schluß: die *13 Wässerli* als nützlicher Wasserlieferant! Das müsste ich noch unbedingt fotografieren!

Ich lachte belustigt über diese Energie-Quellen-Anzapfung … Vermutlich bedarf es bei so geringfügiger Wasserentnahme keiner besonderen Genehmigung vom Wasserwirtschaftsamt … Aber, wer weiß, welche europäischen Richtlinien auch hier greifen …

Ich schweifte nun mit den Augen zum Verlauf des *Ulsenbachs …*

Wo ich den Zusammenfluss vermutete, da lag ein großer Asthaufen: kein Durchkommen! Aber wenn ich einen kühn-weiten Schritt über die *13 Wässerli* schaffen würde, müsste ich doch näher herankommen …

Gedacht, getan: Wieder einmal Wasser-Verschmelzung, Wasser-Verbrüderung, Gewässer-Einswerdung …

Ohne Murren nimmt die große Schwester *Ulsenbach* das kleine Schwesterlein auf. Beim Rückweg fielen mir unter einem kräftigen Erlenstamm dessen im Wasser fließenden feuerroten Wurzeln auf: wie dünne Haarsträhnen, als ziehe ein Wasserwind vergnügt an dem Rothaar-Gewurzel, das sich diesen Fließspaß gefallen lässt.

Ich ginz zum Auto zurück, gerade verließ eine Frau den Hühnerstall – also musste innendrin noch jemand da sein. Ich öffnete die Tür – und war verblüfft: So viele Eier auf soviel übereinander gestapelten Eierträgern … In diesem Raum schien auch eine Eiersortier-Maschine zu laufen; zwei Frauen waren dort tätig. Ich sagte *Grüß Gott* und fragte, ob ich zehn Gaggerli bekommen könnte – am besten halb weiß und halb braun.

„Des läßt'si machn!“

Nun nannte ich meinen Namen und skizzierte kurz meinen Buchplan.

Darauf folgte Überraschung-Nummero-Zwei: Der Eiermann, dessen Namen ich noch nicht kannte, sagte: *„Ich kenn' Sie scho! Sie haben beim 80. Geburtstag vom Billmanns Hans ein Gedicht vorgetragen über die verschiedenen Lebensalter – und die waren allesamt mit fränkischen Dorfnamen so lustig einleuchtend dargestellt – des hat mir g'falln!“*

Das sagte also Werner Käferlein, der Eigentümer der *Mittelmühle.*

Was kann einen Dichter mehr erfreuen als dass ein ihm unbekannter Zuhörer sich noch Jahre später an sein Gedicht erinnert?

Ich hatte damals meine Nachdichtung der *Metamorphosy / Metamorphosen / МЕТАМОРФЗЫ* von meinem zehn Jahre älteren und inzwischen verstorbenen russischen Dichterfreund Jewgenij Jewtuschenko vorgetragen, worin die Lebensalter mit Dörfern verglichen werden, deren Namen typisch altersgemäße Tätigkeiten oder Tugenden wie Untugenden benennen – und ich rief die erste Zeile in Erinnerung: „*Der Kindheit Dörfer heißen Rotbackingen … Sjelo djetstva krasno-schtschjokowo …*"

Mit den zehn Gaggerli zu 1.90 € fuhr ich vergnügt ins Dorf zurück – der lähmenden Erkrankung war mit einem Schlag Einhalt geboten worden. Die Eier mit der *2 DE*-Bezeichnung (*aus Bodenhaltung*) schmeckten anderntags recht gut.

Und nun entsinne ich mich noch, dass der Eiermann namens Käferlein einen Irrtum meinerseits bzw. eine nicht zutreffende Vermutung über die noch zu sehenden Staumauer-Reste am nördlichen Waldwiesenrand beseitigte: „*Der Staudamm diente keineswegs der Wiesenbewässerung, vielmehr wurde das reichliche Wasser aus die 13 Wässerli zur Verstärkung für den damaligen Mühlenbetrieb genutzt, denn der Ulsenbach allein war doch ein etwas schwächliches Gewässer.*"

Da fiel mir einer der Lebensweisheits-Sätze vom *Bogi* ein: „*Du mußt halt Leut kenna!*" Das sagte der Bogendörfer vom Elektro-Wißmeier aus Erba, nachdem er bei uns etwas reparieren wollte, das nötige Gerät aber nicht dabei hatte, und dieses dann bei unseren Schönleben-Nachbarn selbstverständlich ausgeliehen bekam.

Neidhardswinden, am 24.10.2018

ZUM BACH-VERSCHMELZEN

Bei der Mittelmühle

ZUM BACH-VERSCHMELZEN

2. Etappe

Die letzte Strecke der 13 Wässerli – neben der Straße nach Unterulsenbach

Kurz vor der Einmündung in den Ulsenbach

Ende Februar des Jahres 2019 schwamm die Fluss-Kies-Fracht-Schaluppe *MORITZ* die letzten Fluss-Kilometer stromabwärts. Knapp überm Grund des letzten Röhren-Tunnels entwich *MORITZ* dem Dunkel und genoss die Helligkeit. Bald

sah er das letzte Hindernis, das ihm als südtirolische *Sachsenklemme* angekündigt war: diese *Klamm* zwischen zwei Felsbrocken galt es noch in einem kühnen Schwung hinabzurutschen, um sodann in ruhigeres Fahrwasser zu gelangen.

Geschickt warf einer der Matrosen ein Tau ins Ufergeäst: Nun waren die Wurzelhaare der Ufer-Erlen zu sehen – wie wenn sich eine rothaarige Unter-Wasser-Baum-Fee das dichte Haar wüsche …

Nun noch mit einem kühnen Schwupps, als ging's durch eine Rutsch-Schleuse: hinab! Und schon war der vorbeiziehende breite *Ulsenbach*-Strom zu erkennen.

MORITZ freute sich auf die viel breitere Bewegungsfreiheit – und schon tat's einen Stoß: ein Felsblock blockierte die Weiterfahrt. Der Kapitän hätte beinah einen Lotsen gebraucht, denn es gab hier noch einige kiesige Untiefen. Ein Schwimmbagger belud die beiden noch leeren Ladekammern – und dann ging's munter ins Weite.

Im Handumdrehen war das Wasser der *13 Wässerli* mit den Fluten des *Ulsenbachs* verschmolzen – im biblischen Sinne wurden sie ein Wasser-Leib.

MORITZ schwamm davon.

MORITZ war OHNE-TEMPO-LIMIT hinter einer Biegung entschwunden.

*

Ich gewahrte *RINDEN-STILLE …*

Ich tauchte eine Hand ins Bachwasser: nicht nur im Sommer, auch bei Winter-Ausklang fühlte es sich an wie ein *kühlender HAND-SCHMEICHLER …*

Ich träumte jetzt von Georgs *FROSCH* – aber in anderen Farb-Gestalten.

Nochmals zum *Frosch*

Vor dem Rückweg dachte ich an den fort-gültigen Buchtitel des norddeutschen Dichters Wilhelm Lehmann: Es währt auch hier noch immer die *DAUER DES STAUNENS* …

Plötzlich sah ich eine Frosch-Symphonie …

Der „Frosch" in Schwarzenbach an der Saale

Und wieder ein *Plötzlich* ... Nennen wir diese plötzlich auftretende Kraft das *unsichtbare Mit-Helf-Wirken zur rechten Zeit.* Ich stieß, während des Korrekturlesens, auf eine Broschüre von Karl Bedal.

Die hatte mir, nach einem ‚zufälligen' Zusammentreffen auf dem Schwanberg, dessen Sohn, Dr. Konrad Bedal, geschenkt. Der langjährige Chef des Bad Windsheimer Freilandmuseums hat die Kunst-Heimat-Dienste seines Vaters in einem mannigfaltigen Buch gewürdigt.

Ich schlug also *Merkwürdige Beziehungen und Zusammenhänge* auf: Karl Bedals *Rätselhaftes, Versunkenes vergessen – unsichtbar, doch genau vermessen* (Hof, 1986): Da stand unter *Vom ‚Rondell' zum ‚Frosch'* ...

Nanu, noch so ein Frosch?

Neben der Landkarte von Schwarzenbach an der Saale, in Oberfranken, erhob sich, nahe dem *Froschsteiner Gut*, ein gezeichneter *Steinfrosch* – offensichtlich ein Namens-Vetter, der bestätigt, dass unser *13-Wässerli-Frosch* etwas Unverwechselbares wiederholt: als Erinnerung und Orientierungshilfe: so einen „*Frosch*" gibt's also auch anderswo.

Wandlungen eines Kirchen-Weges

Mit Adalbert Stifter – und einem Bubenstreich

Als ich im Spätherbst 2018 allein mit Thomas zu unseren *13 Wässerli* ging, wollte ich ihm nur Georgs *Frosch* zeigen. Auch ihm gefiel diese Steingestalt.

Auf dem Rückweg fiel Thomas die blaue Wipfel-Kennzeichnung an neugepflanzten Bäumlein auf – mir war das ein Zeichen gegen Wild-Verbiss. Zuvor hatte ich ihn aufmerksam gemacht auf die vom Georg Kraus eingepflanzten Nadelbäume – und nun musste ich an Jean Gionos Geschichte denken: *Der Mann mit den Bäumen,* die 1981 im *Theologischen Verlag* in Zürich erschienen ist. Da hatte ein Mann „unbeirrbar weiter gepflanzt!" Und Giono folgerte daraus: *„Wenn man sich vergegenwärtigte, daß dies alles von den Händen und dem Herzen dieses Mannes herrührte, ohne jede technischen Hilfsmittel, dann ging einem auf, daß die Menschen auch in anderen Gebieten so schöpferisch sein könnten wie Gott, nicht nur im Zerstören."*

Ich sagte jetzt zu Thomas: „Das war einst der Kirchen-Weg von Siedelbach nach Markt Erlbach … Als solcher ist er längst außer Gebrauch – dennoch, etwas Religiöses, ja vielleicht sogar etwas Göttliches läßt sich auch hier erahnen … Du kennst die Lithographie des Bildhauers Wieland Förster, der die meiste Lebens- und Schaffenszeit in der DDR zugebracht hat … Von ihm habe ich, endlich eingerahmt, seinen *Versuch über NOTRE DAME*, (Paris, 1983)." … Das Blatt, 46 x 63 cm, zeigt eine der Heck-Kapellen der großen Kathedrale. Dabei stieß ich unlängst auf das Buch des großen französischen Bildhauers Auguste Rodin: *Die Kathedralen Frankreichs* (Reisebilder, 1914 in Paris erschienen und von dem deutschen Dichter Max Brod übersetzt); darin Rodins Erkenntnis: *„Sicher hat auch der Baum seinen Anteil an der Schöpfung des Baus. Ebenso sehr wie die alten Steine, aus denen die Schichtung der Kathedralen bestehen, liebe ich die mächtigen Bäume, ich finde zwischen beiden eine gewisse Ähnlichkeit – Sind* *die enormen Holzpfähle, auf welchen die fränkischen Hütten ruhten, nicht die Grundform des Strebepfeilers? Sind sie nicht selbst schon Strebepfeiler?"*

Thomas schaute zu den hohen Stämmen der Fichten und Föhren – nach einer Weile sagte er: „Auf so einen Vergleich kann wohl nur ein Künstler kommen ... Aber, der Vergleich hat etwas Schlüssiges ... Also doch noch etwas von einem Kirchenweg ..."

Und um die Atmosphäre unseres Ganges noch gar rund zu machen, erinnerte ich den Arzt Thomas an die Wald-Titel unter den Büchern von Adalbert Stifter. Wir finden darin Waldburg, Waldwanderung, Waldhaus, Waldfels, den böhmischen und den bayerischen Wald – und unlängst stieß ich auf einige geradezu lebensrettende Sätze in Stifters 1866 erschienenem *Waldbrunnen* ...

Ich hatte eine alte Taschenbuchausgabe eingesteckt und las, im 13-Wässerli-Wald, daraus vor: *„Und der Wald, wenn ihr in ihm herumgehen werdet, hat köstliche Dinge in sich. Da ist der ganze Boden, auf dem er steht, ein ungeheurer zerklüfteter Stein, der Hunderte von Meilen lang ist, und viele Meilen breit und manche Meile tief ... Und dann quillt es irgendwo hervor und macht ein kleines Bächlein, oder in der Steinmulde ein Brünnlein, so hellen Wassers, daß du nicht weißt, wo die Luft aufhört und das Wasser anfängt ..."*

Wir gingen gemächlich zurück – schweigend, bis Thomas sagte: „So unbedrängt bin ich schon lang nicht mehr einen Waldweg gegangen ..."

Ich fügte hinzu: „Gleich kommen wir zu einer längst nicht mehr genutzten Winterung – und dort les' ich dir den schönen Schluß aus Stifters *Waldbrunnen* vor, gleichsam das Ergebnis eines langen Waldganges ... Da fanden sich ein junger Mann und ein ‚wildes Mädchen', und der sagt über die einst so verschlossene Wilde: *„Juliana liebt mich allein, weil ich bin, der ich bin, und diesen Schimmer der Liebe hat mir Gott gesendet und ich will ihn mir für den Rest meines Lebens bewahren, es mag dieser Rest lang oder kurz sein."*

Wir waren an das einstige kleine Winterungs-Weiherlein gelangt – dort hinein floß ein kleines Rinnsal … Plötzlich war mir übermütig heiter zu Mute.

Ich erblickte die Stelle des einstigen Schlegels – mit einem Eisenstreifen-Deckel darüber. Den schob ich beiseite, holte zwei Holzkeile aus einer Tasche hervor, stopfte sie in die lotrechte Röhre und obendrauf einige Batzen Moos-Erde: *„Ein Bubenstreich! Aber vielleicht staut sich da doch wieder etwas Wasser an …“*

Thomas schaute zu, spitzbübisch lächelnd: *„Na, vielleicht hast du Glück mit dieser eigenwilligen und unerlaubten Verstopfung …“*

*

Nach wenigen Wochen, auf der Suche nach Zweigen und Moos für die eigene Krippe, schaute ich nach: Das Winterungsweiherlein hatte sich mit Wasser gut gefüllt gehalten.

Nürnberg/Neidhardswinden, im Dezember 2018

Winter-Inspektion

Mit Fisch-Vermehrung

Am 26. Januar 2019

Das Voralpengebiet war in der Weihnachtszeit durch überraschend übermächtige Schneefälle heimgesucht worden. In einigen bayerischen Landkreisen wurde der Katastrophenfall ausgerufen.

Unser Frankenland blieb nahezu schneelos – aber es setzte Frost ein. Etwas Schnee kam hinzu. Da blieb mir nichts anderes übrig, als in unser Dorf zu fahren, um im *Opel-Haus* die Frost-Sicherungs-Heizung anzumachen.

Zur Sicherheit fuhr ich, nach erneutem, wenn auch geringem Schneefall, nochmals ins Dorf – und um das Notwendige mit dem Vergnügen zu verbinden, machte ich einen Abstecher zu meinen *13 Wässerli.*

Neben dem Feldweg von Siedelbach zum Waldrand waren erneut stattliche Stämme aufgeschlichtet.

Die Oberfläche des kleinen Siedelbach-Stausees vereist.

Ein Blick auf den unterirdischen Auslauf: Da lachte mein Herz – sprudelnd und gischtend schoss Wasser in die *13-Wässerli-Beginn-Schlucht* und war am Auslauf-Ufer zu Eisbatzen gefroren.

Kein Mensch weit und breit. Es war bei bedecktem Himmel gleichwohl hell.

Ich ging vorsichtig durch die leicht beschneite und schnee-stille Wald-Bach-Welt. Die ersten 5 Ufer der Übergänge von die *13 Wässerli* waren mit unberührten Schneekappen bedeckt. An zwei Stellen die dunklen Tritt-Spuren von Rehen. Wildwechsel – immerhin.

Der Wasserstand meines selbstherrlich gefüllten Winterungs-Weiherleins war geblieben. Die ovale Oberfläche: ein wundersam heller Baumstamm-Spiegel.

Wie ich vom südlichen Uferrand zum westlichen schritt, da gewahrte ich darin Bewegung. Ich stutzte. Ich traute meinen Augen nicht: Wer hat das Wunder der Fischvermehrung bewirkt?

Ich stampfte ein paar Mal fest auf die Uferböschung: Sie bewegten sich! An ihren bläulichen Rücken und an ihren goldgelben Bäuchen sogleich zu erkennen: Karpfen!

Als ich sie mit einem dürren Aststück in Bewegung setzten wollte, stob ein Teil des Fischschwarms in die entgegengesetzte Richtung, andere Fische stießen auf den Grund, so dass die Tiere nur noch zu erahnen waren. Nach einer kurzen Weile klärte sich das Wasser wieder und ich begann mit der Fischzählung – grob geschätzt rund 20 Karpfen, mittlerer Größe.

Wer war mir da auf die Schliche gekommen?

Ich teilte Thomas dies *Wunder* mit – er meinte, dass mein Spitzbuben-Streich mich dank der Winterungs-Wiederbelebung eigentlich zum Empfang von zwei Gratis-Karpfen berechtige.

Ich war vergnügt, da mein Eingriffs-Unfug sich als Fingerzeig-Nutzen erwiesen hat.

Überdies zeigten sich die *13 Wässerli* wieder mal ganz neu-anders im Winterkleid: neben Schnee-Mantel-Weiß, auch Grün-Rinde-Rock, weiß betupft; Bach-Beine braunwasser-nackt …

Untrüglich: Ertragreiches – weniger erträglich und einträglich

WIEDER EINMAL IST EISSCHÖN DA

13 Wässerli Sprudelbeginn – unterhalb vom blauen Rohr

Wieder gefüllt

Eine unscharfe Ahnung von Karpfen

Zum Beschluss: Sich Hinein-verwandeln ins Fließen

Rückflug rückwärts – mit einer tragbaren Filmkamera

„Man kann einen Fluß umleiten,
aber man vermag ihn nicht zu seinen Quellen
zurückfließen zu lassen.“

GEORGES BRAQUE: *DER TAG UND DIE NACHT.*
Aus den Aufzeichnungen 1917–1952.
LE JOUR ET LA NUIT
[Übertragung *von Jean-Claude Berger, Die Arche, Zürich 1953*]

Eines Tages ist es soweit: Ich kehre um und mache mich auf den Heimweg – ohne noch an ein Foto zu denken und um vorerst keinen Satz mehr über die *13 Wässerli* zu schreiben, nachdem der Zusammenfluss von *Siedelbach-Ulsenbach* erreicht war.

Zuvor hatte ich mir von Antonia, einer Freundin, die ab und an für den BR Filme drehte, deren *Handy-Cam* ausleihen können. Ich kannte das Gerät von den 1993er Dreharbeiten auf dem österreichischen *Vomper-Berg* für den deutsch-russischen Film *DER GRAL* von Olga Oksinskaja (*Radio Ostankino, Moskau*) und Marion Jerrendorf (*BR*-Fernsehstudio, Nürnberg), zu dessen deutscher Version ich den Lyrik-Text-Mix geschrieben hatte (*BR-TV, 14. März 1994*).

Dem vorausgegangen war die Überlegung, ob wir uns eine kleine *Drohne* ausleihen könnten, unter der wir eine Aufnahme-Kamera anhängen wollten – aber das würde unter so dichtem Geäst allzu schwierig sein.

Dank Marions Vermittlung war nun Antonias *Handy-Cam* aufnahmebereit.

Wenn wir zu zweit von der Mündung bis zur Quelle zurück gelaufen sein werden, filmend, mit entsprechenden Aufnahme-Stopps, dann würden wir die Film-Passagen zusammenschneiden zu unserem Rück-Lauf-Ton-Film: Die ganze Strecke der *13 Wässerli – rückwärts, in einem Zug.*

Ich habe meine Wat-Hosen an. Die Kamera in der Hand, auf Kniehöhe, kann ich, wo's mir wichtig erscheint, auch mal links oder rechts übers *13-Wässerli-Ufer* hinaus-blickend filmen.

Während der ziemlich schnurgeraden Strecke von der *Mittelmühle* bis zum *Frosch* würde das Kamera-Mikrophon das Fließgeräusch solange aufnehmen, bis wir zu zweit das Gedicht *Woda / Wasser* von Wisława Szymborska in beiden Sprachen vorgetragen haben werden.

Wisława Szymborska:
aus: *Woda / Wasser*

(1962)

*„**E**in Tropfen Regen fiel auf meine Hand,*
abgezapft dem Ganges, dem Nil,

dem zum Himmel gefahrenen Reif vom Schnurrbart
des Seehunds,
dem Wasser aus den zerschlagenen Krügen der Städte Ys
und Tyros.

Auf meinem Zeigefinger
ist das Kaspische Meer eine offene See,

und der Pazifik mündet gemütlich in die Rudawa,
dieselbe, die über Paris als Wolke dahinflog

im Jahre siebenhundertvierundsechzig
am siebten Mai um drei Uhr morgens.

Es gibt nicht Münder genug, um deine flüchtigen
Namen auszusprechen, Wasser / … /

Jemand ertrank, jemand rief sterbend nach dir.
Das war in der Vorzeit, und das war gestern.

Du hast Häuser gelöscht, Gebäude fortgerissen
wie Bäume, Wälder wie Städte.

Du warst in den Taufbecken und in den Badewannen
der Kurtisanen.
In Küssen. In Leichentüchern / … /

Wie leicht ist das alles in einem Regentropfen,
wie sanft berührt mich die Welt / … /

(Aus: Wisława Szymborska: Hundert Gedichte – Hundert Freuden / Sto wierzy – Sto pociech. Ausgewählt, übertragen und mit einem Nachwort von Karl Dedecius.

Wydawnictwo Literackie, Kraków, 1998)

Indes die Kamera auf einem Stativ steht, das Bächlein aufnehmend, da werde ich mich erinnern: Denn ich habe mitgebracht die drei erhalten gebliebenen Bücher von Herbert Paatz, die mir mein Vater geschenkt hat – nicht alle auf einmal: Das erste an *Weihnachten 1952 in Thalmässing* als *Herzliche Geburtstagswünsche von deinen Eltern.* Bald darauf, an Ostern 1953, wieder in Thalmässing, schrieb er als Widmung: „*Gotehard, Wenn du dieses kostbare Büchlein recht liest, wird es dir einen wahren Wundergarten offenbaren, der dir für deinen Lebensweg zum Segen gereicht! Dein Papa.*"

Dreimal also mindestens habe ich als Junge vom *Doktor Kleinermacher* gelesen.

Diesem ‚Zauberkünstler' begegnet Dieter, ein Junge, und der „will nach Indien fahren und bleibt in der Heimat" … Der *Dieter* verblüfft beim Ballspielen seine *Traute* mit der Frage, was sie eines Tages werden würden … Er möchte Weltreisender werden … Traute ist überzeugt, dass Dieter sie heiraten wird, und dann wolle sie mitreisen … So lange will der Dieter aber nicht warten – er überredet das Mädchen, schon jetzt aufzubrechen – aber nicht mal ihrer Mutter dürfe sie etwas sagen … So gehen sie zu einem Haus, wo ein „Hutzelmännchen öffnete" …

Dieses Männchen, ein betagter Professor, führt die Beiden in seine Verwandlungs-Kunst ein: Er hat einen Zaubertrank entwickelt, der einen für kurze Zeit in beliebige *Kleinheit* verwandeln könne – und er fragt Dieter: „*Glaubst du, daß Indien schöner sei als Deutschland?*" Und dann rühmt er die heimischen Rehe …

Alsbald fällt sein entscheidender Satz: „*Hier ist ein kleiner Wassertropfen … Darin schwimmen so viel abenteuerliche Tiere in phantastischen Formen … Der Wassertropfen ist voller blühender Phantasie und Buntheit.*"

Darauf Dieters Entgegnung: „*Aber das kann man doch gar nicht sehen …*"

Behutsam weist der *Doktor Kleinermacher* die beiden Besucher zunächst zu seinem Mikroskop … Am nächsten Tag beginnt das *Erste Abenteuer im Wassertropfen …* Es folgen Besuche im *Bienenkorb;* den ersten Band beschließt nach elf solcher Weltreisen *Das Abenteuer mit Fliegen und Spinnen.*

Band 2 bringt *Abenteuer in Doktor Kleinermachers Garten.* Band 3 schildert *Doktor Kleinermachers Erlebnisse zwischen Keller und Dach.* Zum Schluss schreibt der Autor, Herbert Paatz, dass nun der *Doktor Kleinermacher* ein Buch schreibe: über ihre Abenteuer zu dritt …

Sehnsucht nach dem Unsichtbaren …

Vielleicht wünschte sich mein Lehrer-Vater, dass mit diesen drei Büchern in mir etwas geweckt würde … Jedenfalls nahm er mich oft mit *in die Natur …*

Was ich beim Lesen empfand, das ist längst vom *Gedächtnis* ausgesiebt – nur die *Erinnerung* weiß noch vom *Lesen …* Neugierig auf *andere Welt* und *anteilnehmendes Schreiben* wurden sicherlich ein Motiv meiner Schreiben-Lebensarbeit.

Vielleicht lächelt der Vater aus seinem Jenseits, wenn er mich nach einem halben Jahrhundert in dieser manchmal fast amazonas-haften Urwaldwelt herumgehen sehen könnte …

In diesem Augenblick fährt die tragbare Kamera auf Felsklippen am Unterlauf der *13 Wässerli* zu, vor denen zuvor die *Ostheimer Arche Noah* vor Anker ging, gut festgebunden, und an Bord ein Gutteil der Tierpaare: *Panda-Bären, Schwarzer*

und gefleckter Leopard, das dicke neue *Nashorn, Elche, Salamander* und *Dachse,* auch *Iltis* und *Marder,* mitsamt einer Rotte *Wildschweine …*

Nun fährt eines unserer Erkundungsboote weiter stromauf und es hält an einer weiten Uferweide mit *Ostheimer Rindern, Schafen, Ziegen, Hunden, Katzen, Hühnern* und *Pfauen* und es fehlt auch nicht an *Pferden* und *Eseln.*

An einer der nächsten Biegungen filmen wir im Ufergesträuch ein *Ostheimer*-Vogel-Paradies mit *Uhu, Adler;* sogar einen *Vogelbaum,* dazu *Papageien: Ara-Rot* und *Ara-Blau.*

Woanders tummeln sich Zugvögel: *Störche, Kraniche,* auch *Pelikane* und *Seehunde* sind dabei …

An der darauffolgenden Furt, am Oberlauf des *Nils,* durchqueren *Ostheimer Elefanten, Zebras, Giraffen* und *Gazellen* die hier besonders breiten *13 Wässerli* – das *Nilpferd* reißt seinen Rachen auf …

An der nächsten flachen Furt-Stelle habe ich zuvor als Witzbold ein Schiff festgebunden: es heißt *Mississippi* – und während die Leih-Kamera die *Ostheimer Indianer, beritten, im Kanu,* mitsamt einem *Büffel* herbeizoomt, lese ich, verweil-kurz, eine Passage aus Mark Twains *Huckleberry Finn*

vor: *„Als wir das Dampfschiff auf dem Mississippi erreichten, war es so gut wie fertig mit dem Laden, und kurz darauf fuhr es ab … Als das Schiff weg war, ließ mich der König noch eine Meile flussaufwärts paddeln, an eine einsame Stelle, und dort ging er an Land …“*

Bei der Film-Weiterfahrt deute ich auf die sommerliche Bucht hin, die einst im sibirischen *Jenisej*-Winter *Ostheimer Eisbären* und *Seelöwen* zu Gast hatte …

Auch am *Ostheimer* Bären-Fall kommen wir vorbei und zeigen eine vierköpfige *Braunbären-Familie* oder *Panda-Bären…*

Noch einmal stehen am Ufer die *Ostheimer Lappen,* aus Norwegen oder aus Finnland, und sie haben ihren *Schlitten* mit drei *Rentieren* bespannt, die *Jung-Tiere,* und das kleine *Lappen-Kind,* blau-rot gekleidet wie Papa und Mama, hängt noch immer in seinem *Drei-Stangen-Gestell,* das an eine Feuerstelle erinnert …

Dann ist der Figuren-Spuk verschwunden.

Es geht aufwärts – langsam und kinder-hurtig zugleich: Die Kamera wird bis zum Hervorsprudeln des Baches aus der blauen Röhre getragen.

Indessen hören wir aus dem *Römischen Triptychon / Tryptyk Rzymski* vom Dichter-Papst Johannes Paul II. den Beginn seiner *Meditationen* über Michelangelos Malerei in der *Sixtinischen Kapelle* im Vatikan: über das *Staunen* beim *Bergbach …*

Sprecherin beider Versionen ist Ingrid: abwechselnd deutsch dann polnisch:

*„**D**ie Waldbucht senkt sich herab*
im Rhythmus sprudelnder Bergbäche.
Dieser Rhythmus offenbart mir DICH,
WORT von Ewigkeit.

„Zatoka lasu zstępuje
W rytmie górskich potoków
Ten rytm objawa mi Ciebie.
Przedwieczne Słowo."

Wie wunderbar ist DEIN Schweigen
in allem, wodurch von überallher
die geschaffene Welt zu uns spricht …

Was sagst du mir, Bergbach –
An welchem Punkt begegnest du mir –
Mir, der auch ich vergänglich bin –
so wie du …
so wie du?

(Lass mich hier innehalten –
lass mich innehalten an der Schwelle
schlichten Erstaunens.)
Der Bergbach gerät nicht in Staunen, wenn er herabrauscht

und schweigend die Wälder talwärts ziehen
im Rhythmus des Baches –
der Mensch aber: Er staunt!

„– lecz zdumiewa się człowiek!"

Die Schwelle, die die Welt in ihm überschreitet,
ist die Schwelle des Staunens.
(Und dieses Staunen ward einst >Adam< genannt.)"

*

(Aus: Johannes Paul II., *Römisches Triptychon.* Meditationen. Mit einer Einführung von Joseph Kardinal Ratzinger. HERDER, Freiburg • Basel • Wien, 2003.

Polnische Ausgabe: Jan Pawel II, *TRYPTYK RZYMSKI, Medytacje. Wydawnictwo Literackie, Kraków, 2003.*

Copyright Libreria Editrice Vaticana. Città del Vaticano)

Wir sind angekommen am eigentlichen Beginn der *13 Wässerli* und hörten bis dahin Klaviermusik von Leoš Janáček: *„Po zarostlém chodníčku (Auf überwachsenem Pfad)."*

*

Hineingelangt in jenen Wassertropfen vom *Doktor Kleinermacher* bin ich nicht – dennoch vorgedrungen an einen Quell-Ort, an ein Welt-Einstiegs-Fenster: in einer Umgebung unsichtbarer Harmonie.

Ohne sie als Eigentümer zu besitzen, besitze ich sie, dank der oft aufs Neue gegangenen selben Wege, als Eingangs-Erlebnis, als *Initiation,* deren Reichtum das Erlebnis von sich aus spendet.

In diesem Sinne bin ich durch die *13 Wässerli* im Laufe der Zeit reich geworden.

Nach Jahren erst erkannte ich die eigentliche Faszination, die mich zu meinem Text-Foto-Wagnis-Buch bewog: sie kommt aus diesem Erlebnis: Hier ereignet sich *Ursprüngliches.*

Ursprüngliches, das sich bei allem Jahreszeiten-Gestaltwandel in einem nicht ändert: Es hat seine eigene Stille.

Dieses wassertropfen-kleine Stück zeigt etwas vom Buch *Angesicht der Erde,* so Gerhard Nebel in seinem *Von Inseln Flüssen und Bergen* (1947), und ich spüre dabei seine *„Durchsichtigkeit zum Göttlichen".*

Die *13 Wässerli* offenbaren eine *„grenzenlose Beweglichkeit"* – es liegt auf der Hand, dass unsere Sprache ganz selbstverständlich *„das Weibliche des Wassers"* als sein Wesen erkannt hat.

Auguste Rodin hatte ein vergleichbares Erlebnis: in Chartres, der „leuchtendsten Kathedrale von allen", in *Frankreichs Akropolis:* da erlebte er sie als *Palast der Stille.* Trotz der so vielen Besucher Tag für Tag „stört das nicht im geringsten seine Stille" – „Bewunderung" angesichts der Glasfenster-Fülle: „Die Worte gehen einem aus vor diesem Wunder."

Hier habe ich das *Zusammen* von Nach- und Mit- und Durch-Einander-Wachsen der Pflanzen-Natur im Wasser-Umfeld als fortwährendes Wunder erlebt: Als ein Geschenk für die Zukunft.

Nürnberg / Neidhardswinden: an Lichtmeß, am 2. Februar 2019

Film-Endstation – zugleich 13 Wässerli Beginn unterm Vorstausee

13 Wässerli-Glück

Mein imaginäres Expeditions-Forschungsboot sehnte sich nach seinem Heimathafen.

Heimat-Hafen … Sogleich stellen sich szenische Bilder ein: Wenn ich als Kind mit meiner Mutter vom mittelfränkischen Thalmässing aus die lange Bahnfahrt nach Friedrichshafen antrat, dann freute ich mich auf die letzte Strecke: Wenn der Zug im modern weißen Bahnhof angekommen war, ertönte eine Lausprecher-Stimme: *„Wer in de Hafe fahre will, kaa sitzebleibe!"*

Ein weißes Schiff fuhr über den Bodensee bis zur Endstation Konstanz.

Dazu gehörten später die Zeilen aus einem Hermann-Hesse-Gedicht: *„Wir sollen heiter Raum um Raum durchschreiten, / An keinem wie an einer Heimat hängen … / Des Lebens Ruf an uns wird niemals enden … / Wohlan denn, Herz, nimm Abschied und gesunde!"*

Ich überprüfte am PC die Buchseiten: ob auch alle Abbildungen am richtigen Platz stehen …

Am 28. Februar 2019: *STEIN AN STEIN … SEIT' AUF SEIT', BALD IST DAS BUCH ZUM LESEN BEREIT …*

Am frühen Donnerstag-Abend wollten wir ohnedies nach Erba zum obligaten ‚Offen-Abend' im *Bürgerhaus …*

Die Siedelbacher Márie hatte inzwischen den Tod ihres Mannes verwunden, eine Herzoperation überstanden, und sie schien ins Weiter-Leben zurückgefunden zu haben – da warnte sie uns: *„Dort is doch heut Weiberfasching!"*

Wir ließen uns nicht abhalten.

Bei der Orts-Einfahrt am Torhaus hielt ich ein über die Straße gespanntes Tuch für einen Faschings-Hinweis, doch dann las ich: *„STEIN AN STEIN, DIE HAUPTSTRASSE WIRD BALD SCHÖNER SEIN."*

Weiter dahinter sah ich dann die offene Baugrube, die eine Durchfahrt unmöglich machte – und nun freute ich mich erst recht: Endlich mal in einem Ort ein so freundlicher Hinweis, dass jederman sich auf die Sperr-Unannehmlichkeiten einstellen möge ... Eine solche Bürger-Mitteilung hatte ich sonst noch nirgendwo gesehen.

Wir fuhren also ohne Murren einen Umweg, fanden einen Parkplatz und stapften über die sandgruben-tiefe Baustellen-Mulde.

Am Eingang erwarteten uns Kostümierte, kassierten 3 Euro Eintritt pro Person, versahen uns mit einer Armbinde vom *Faschingskomitee Markt Erlbach* sowie mit einem Schnaps-Umsonst-Fläschlein – und schon waren wir unter einer munteren Schar kostümierter *Weiber.* Wir fanden zwei Sitzplätze. Die Herren am Tresen bedienten in Alt-Weiber-Kittel-Schürzen, auf dem Kopf silbergraue Alt-Weiber-Perücken.

Jedes Kostüm hatte seinen Charme – nichts Ausgeflipptes, sondern Wohlbedachtes; manches mit einem Hauch dezenter Erotik. Die Frauen natürlich in der Mehrzahl, aber auch an verkleideten Mannsleuten fehlte es nicht. Unterhaltungen an jedem Tisch; gegenseitiges Einander-Fotografieren. Wir trafen Bekannte, schunkelten mit, vesperten; der MdL-Raimund spendierte uns ein Getränk – und dann trat die Faschings-Prinzessin auf: wie eine Königin gekleidet, heiter gestimmt, und ohne zu blödeln teilte sie mit, dass sie natürlich keinen Faschings-Prinzen an ihrer Seite brauche, aber dafür habe sie eine Garde-Mädchen-Garde aus zwei Herren. Und diese männlichen Gardemädchen schlugen Rad, sangen mit und manchten gute Miene zum entthronenden Spiel.

Das Lustig-Sein machte Lust aufs Mitmachen, zwanglos heiter stimmend.

Was für ein unerwartet Vergnügen bereitender Ausklang des Monats Februar! Es war ein gutes Bild: wie sich die

Frauen untereinander unterhielten und die Männer miteinbezogen.

Auch das bildet für einen Tag die passende Fassung vom befristeten *HEIMAT-HAFEN,* in dem niemand zu einem Karnevals-Zwang genötigt wurde, um sich wohlzufühlen: *ERBA AHAA!*

Anderntags kam Post vom inzwischen zehnjährigen Enkel Julius aus München. Mit Freude las ich (in seiner Nach-Gehör-Schön-Schrift), dass er mal wieder mit mir gerne in „*die Dreizenwesserli gehen möcht und dort ein Dam(m) bauen …*"

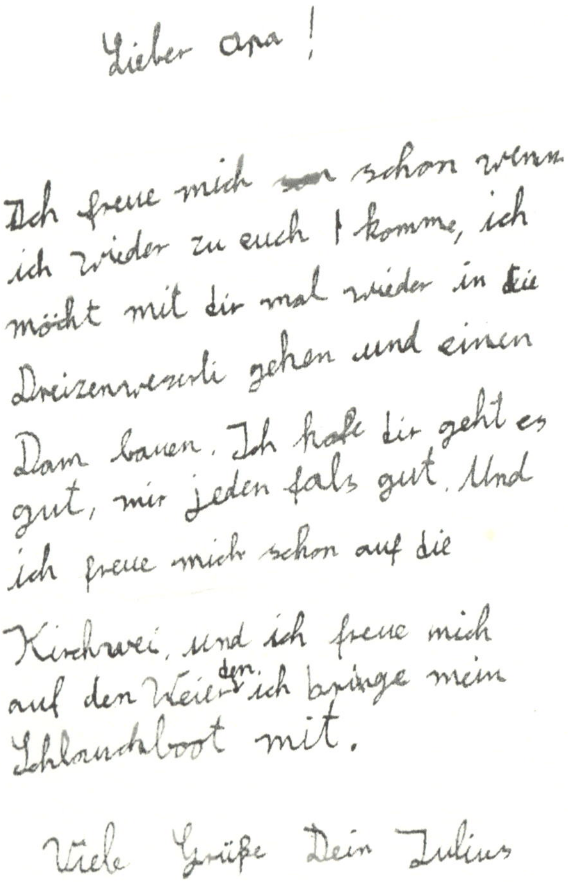
Lieber Opa!

Ich freue mich schon wenn
ich wieder zu euch komme, ich
möcht mit dir mal wieder in die
Dreizenwesserli gehen und einen
Dam bauen. Ich hofe dir geht es
gut, mir jeden fals gut. Und
ich freue mich schon auf die
Kirchwei, und ich freue mich
auf den Weier den ich bringe mein
Schlauchboot mit.

Viele Grüße Dein Julius

Dies schöne Zeichen der Verbundenheit zwischen Alt und Jung: Eine erfreuliche Aufgabe für die nächste Zeit-Wiederholung. Ein Jahr später war der nächste eigene Schreibauftrag klar.

Ich sann über ein *13 Wässerli-Erlebnis* nach: Das *Durchlässige* in uns selbst ist also offen für das *Durchdringende* …

Eine *Übertragung* von die *13 Wässerli* auf das Wasser-Fliessen: Das lange Zeit unsichtbare unterirdische Durch-Dringen von fließendem Wasser …

Das lenkte mich auf das Wort *OSMOSE* – der Vorgang eines *Austausches*, der eines *Membrans* bedarf – jener „zarten dünnen Haut", über die wir ja als *Trommelfell* in unserem Ohr verfügen. So ein *„Filterhäutchen mit äußerst feinen Poren"*: Haben wir's nicht nur in unserer Außenhaut, sondern auch in unserer Seele? Dies Empfindungs-Organ, das uns hörend, sehend, riechend und Eindrücke wahrnehmend „empfänglich" macht für uns ansprechende Botschaften …

So werden wir aus-tausch-fähig – und im Aus-Tausch empfangend geben wir etwas her: vielleicht sogar unser Pochen auf unser '*allein-wahr- oder Recht-haben-wollen*'.

Auch angesichts des Zerstörten und weiter Zerstörenden wirkt das Erheiternde – es stärkt unsere innere Atmosphäre, gelegentlich sogar mit diesen Bach-Belustigungen.

Mein Erkundungsboot wird in der Schreibwerkstatt-Werft überholt. Nach einer Verschnaufpause erteilt sich der Schreib-Kapitän selbst sein neues Erkundungsziel. Sein Motto stammt aus Hans Carossas *Führung und Geleit (1933):*

„Oh verlerne die Zeit …
Weihe dich einer Gefahr!"

Nürnberg am 20. März 2020, Frühlingsanfang

Vier Zugaben

Vom Waldhorn-Klang zum Föhren-Bildschön von Jörg Schemmann

Aus einem Klang-Bild kann unversehens ein gemaltes Bild werden ...

Oft das Wuschelgrün unserer Kiefern im *Föhren-Franken* vor Augen, denke ich jetzt an ein Bild des Malers Jörg Schemmann (*1959) , der lange Zeit in Hof lebte und inzwischen zweimal mit dem Kunstpreis der *Nürnberger Nachrichten* ausgezeichnet worden ist. Im Nürnberger Nordklinikum sind einige seiner Baumbilder zu sehen.

Er hat eine Fülle von *Kiefernwald-Arbeiten* geschaffen, die weit mehr als Abbildungen darstellen; vielmehr zeigen sie die Kraft der Föhren-Verdichtungen, wenn sie in ihrem leicht schwingenden Rhythmus erlebt und gesehen werden. So kann ein einziger Kiefernwipfel oder Föhrenast wie ein Besen erscheinen, der alles Unsaubere vom Himmelsblau abwischt und so zu einem kiefernnadel-dunkelhellen Leuchtzeichen wird.

Zum ersten Mal begegnet bin ich 1998 seinen *bild-schönen* Kiefern in der Hofer *Galerie im Gerstenboden.*

Angetan von seinen *Bild-Kiefern* schickte ich ihm eines meiner Bücher – als Antwort schenkte er mir im Jahr 2004 so einen Kiefern-Wipfel; mein *Farb-Litho-Blatt* hat die Bezeichnung *4/31* und ist signiert mit *J. Schemmann 03.*

Der Maler bezieht sich auf *Das Notizbuch vom Kiefernwald* (*Le carnet du bois de pins, 1952*) des französischen Dichters Francis Ponge.

Bildabbildung genehmigt vom Künstler. *Kiefern*, Gemälde Nr. 1571 (Größe 100 x 60 cm, 2018 erstellt).

Waldbilder von Georg Hetzelein

Nach diesem Lesegang könnte manchem einleuchten, dass ich mit meiner Frau auch Wald-Stunden in unserer Nürnberger Stadtwohnung erlebe: Vor Augen Bilder des beinahe hundert Jahre alt gewordenen fränkischen Malers Georg Hetzelein.

Von diesem Maler aus Regelsbach (18.10.1903 – 21.12.2001), dem ich noch in seinem hohen Alter mehrmals begegnet bin, besitzen wir einige seiner ansprechenden Bilder …

*

Der umfangreiche Katalog *Georg Hetzelein: Ein Leben für die Kunst (Roth, 2009)* wurde herausgegeben von Dr. Elisabeth Rüfer.

Mein Beitrag galt dem schriftstellerischen Werk des Malers: *Eigensinnige Farbe in FöhrenFranken.*

Lichtung und Heide (um 1948)

Georg Hetzelein: Holzschlagplatz (1960)

Mit einem Mal hörte ich russische Balalaika-Klänge …

Beim Durchschreiten des Torhauses in Markt Erlbach war mir eine farbige Landkarte aufgefallen. Sie zeigt die vielen Ortsteile, die zu Markt Erlbach gehören. Wie selbstverständlich dabei auch *mein Neidhardswinden,* das jedoch zu Emskirchen gehört. Unter den 31 Markt Erlbach-Orten ist auch die Mosbacher Mühle.

Eines Tages hatte mich ein mir bislang unbekannter Mann aus dieser Mühle angesprochen: Er habe noch meinen Lehrervater gekannt: *„Der Rektor Schramm war zwar streng, sehr streng – aber gelernt hab' ich viel bei ihm!"* So fügte sich zum pauschalen Fremdbild meines Vaters ein neuer, freundlicher, ja anerkennender Aspekt.

Der Unbekannte heißt Rudolf Ohlmann, von Beruf Mühlenbauingenieur. Der Vielgereiste stiftete mit seiner Frau Else die Verbindung zu einem *Balalaika-Orchester*. 1999 erschien die Festschrift *10 Jahre Freundschaft mit dem Balalaika-Orchester des Musiklyzeums St. Petersburg.*

Als dieses Orchester 1989 erstmals in Neustadt a. d. Aisch gastierte, da galt es, Gasteltern zu finden – und alsbald kamen Gegenbesuche zustande, und es wuchs eine Musikbrücke zwischen Hier und St. Petersburg, bei der Neustadts Posaunenchor unter Dr. Dieter Geißendörfer ebenso mitwirkte wie das Bläserensemble Paul Schemm.

Else Ohlmann kümmerte sich rührend um die Gäste aus Russland; es galt weiterhin in NEA Spenden einzusammeln; über ein privates Netzwerk wurden weitere Gastspiele im handumdrehen vereinbart – so dass einmal das Russen-Orchester sogar bei der einstigen Bundeswehr-Kaserne in Heidenheim aufspielte: vor einem deutschen General. Nachdem Frau Else so eine Balalaika geschenkt bekommen hatte, da lernte sie selbst dieses Instrument zu spielen. Anrührend auch, wenn die jungen Musikanten mit dem Zug die Heimreise antraten – reichlich mit Gaben-Tüten bepackt.

Drei Solisten des Balalaika-Ensembles gastierten ende Dezember 2019 in der Neustädter Rathaushalle.

Dass der Bayerische Defiliermarsch auch in der Fassung für Balalaika-Orchester wohl klingt, war mir ebenso neu wie die Tatsache, dass dieses Instrument über nur drei Saiten verfügt, die unmittelbar mit den Fingern angeschlagen werden.

Die *Domra* als Vorläuferin der *Balalaika,* verfügt mit ihrem bauchig-runden Korpus über ebenfalls nur drei Saiten, die allerdings gezupft oder angeschlagen werden.

Das *Balalaika-Orchester* entfaltet seinen kräftigen Sound mit *Domra, Balalaika* sowie mit dem *Bayan*, der russischen Form des Akkordeons, und mit der Gusli, der Bauernharfe, die als *Kasten-Zither* in verschiedenen Formen auftritt. Die *Kontrabass-Balalaika* hat die typische große Dreiecks-Form.

Diese Verbindung mit der russichen Balalaika führte zum Interesse der Ohlmanns an meinem 13 Wässerli-Projekt, in das ich ursprünglich auch meine Übersetzung von Konstantin Paustowskij einbauen wollte.

Alle Fotos auf dieser Seite sind von Else Ohlmann

Keuper-Klang-Zugabe von Walter Zimmermann

Seit 1993 ist der am 15.04.1949 in Schwabach geborene Pianist und Komponist Professor für Komposition in Berlin und seit 2006 auch Mitglied der Berliner Akademie der Künste. Wir beide sind seit Jahrzehnten durch einen freundschaftlichen Austausch verbunden. Post vom viel lesenden Walter kommt oft aus allen Himmelsrichtungen. Immer wieder überrascht er Zuhörer mit seiner Musik, die ein *Gefühl der Gegenwärtigkeit* erzeugt, die *dem Vergangenen gastlich gestimmt ist* – um selbst zu einem *anderen Hören* zu gelangen.

Im Werk des rastlos schaffenden Komponisten finden sich Orchesterwerke, Kammermusik und Bühnenwerke: u.a. *Über die Dörfer* – nach Peter Handke (1986), sowie die Hörspielmusk zu *Hier wohnt Krappmann* (1970, Text Godehard Schramm).

Er hat sich intensiv mit *Lokaler Musik* beschäftigt; eine seiner Hypothesen lautet: *„Das Lokale ist das Universale"*. Viel unterwegs hat er sich mit amerikanischen zeitgenössischen Komponisten unterhalten: Seine Gespräche mit ihnen erschienen in *Desert Plants* (1976); 2012 war er Mitherausgeber der poetischen Schlüsseltexte von John Cage: *Empty Mind.* In dessen Klangwelt spielen *zufallsgeschichtete Klangkonstellationen* eine wichtige Rolle: *„Eine Musik, die den Hörer zu dem Augenblick trägt, wo er ist."* (John Cage)

„Das Lokale ist das Universale": Dazu zählt sein Zyklus *Lokale Musik* (mit *Ländler-Topographien, Leichte Tänze, Stille Tänze, Wolkenorte, Seiltänze, Epilog: Der Tanz und der Schmerz,* 1982). Auf das nachfolgende Projekt trifft eine Erfahrung der Pianistin Hélène Grimaud zu (in: *Wolfssonate,* 2005): *„Die Landschaften sind in ihrem Wesen musikalisch /.../ Der Wasserlauf ist das Legato."*

Walter Zimmermanns Stück *Keuper* (WZ 5.3.3.) entstand 1980/1999: für zwei Violinen, Viola, Violoncello. Wer inzwischen die Vielfarbigkeit unseres heimischen *Keuper* hier kennengelernt hat, vermag sich nun auch dessen Klangfarbigkeit vorzustellen. Der *Klang-Keuper* existiert zudem in einer Fassung für 12 Blechbläser – diese Variante vermittelt ein besonderes Anliegen des Komponisten: *„Die Menschen mit den Steinen wieder versöhnen."* Eine weitere *Keuper*-Musik hat er 1980 für Streichquartett geschrieben: *„Das Stück Keuper versucht den Charakter des Gesteins Keuper wiederzuspiegeln; er wird allgemein als ernst, verschlossen, karg, wüstenhaft bezeichnet ... Das führt zu Spielweisen, die alle Klänge an der Grenze zur Stille produzieren."*

Für Freunde zeitgenössischer Musik empfehle ich Zimmermanns Klavierstück *Beginner's Mind* für einen Pianisten mit Singstimme. Während des Spiels summt bzw. singt der Pianist die Aufforderung: *„You must have beginner's mind ..."* (*„Du mußt Anfänger-Sinn haben!"*)

Seinem Klang-Wesen entspricht *Unerschrockenheit (Ataraxia)* – so der Titel seines 1988er Orchesterstückes. Nicht zu vergessen seine *10 Fränkische Tänze.*

Anhang

Nachweise

Der erste veröffentlichte Text zu diesem Thema entstand 1994: *Bei die 13 Wässerli. Auf einem verschwiegenen Pfad im Rangaufränkischen.* In: *Sommerbilder vom Main zur Donau.* Entdeckungsreisen durch fränkische Landschaften. Hrsg. von Hans-Herbert Würth. Würzburg, 1995, Verlag Echter.

Die Keimzelle zu *In die 13 Wässerli* erschien im *Neustädter Kalender* für das Jahr 2003 (S. 89–97) unter dem Titel: *Zwischen Tiger-Kliff, Eisbären-Eis und Giraffen-Grotte.* 13 Expeditionen an einen Bach im Wald von Mittelfranken – Bilder eines Jahr-Gangs.

Einige Gedichte wurden entnommen aus: Reinhard Feldrapp / Godehard Schramm: *Bilder vom Wald.* Frankenpost Verlag, Hof 1988; sowie aus: Godehard Schramm & Erich Walter: *Sie tragen den Himmel. Bäume in Oberfranken.* Heimatbeilage zum Oberfränkischen Schulanzeiger (Oberfrankenstiftung), Bayreuth, im März 2004.

Lediglich ein kurzes Prosastück, *13 Wässerli,* hatte ich in mein Markt-Erlbach-Buch eingefügt. In: *Markt Erlbach. 25 Erkundungen. Mit Schützenscheiben, Schusterkugeln, schönem Wald ringsum und echte Leut.* Mit Zeichnungen von Robert Reiter und Geleitwort vom Ersten Bürgermeister Peter Rudolph. Verlagsdruckerei Schmidt, Neustadt a. d. Aisch, 2006.

Einige Wald-Texte wurden übernommen aus meinem Radio-Feature *Waldmenschen. Zwischen Steiger- und Frankenwald:* Bayerischer Rundfunk, *Zeit für Bayern (BR 2,* am 19.03.2017).

Einen ersten Gestaltungsentwurf in quadratischem Buchformat legte 2012 Kathrin Eckert in Neidhardswinden vor; die junge Buchgestalterin erhielt inzwischen derart viele Aufträge, so dass sie meinen Plan nicht weiter verfolgen konnte – aber sie hat den Grundstein für das symphonische

Nebeneinander von Text und Fotografie gelegt; dafür sei ihr an dieser Stelle gedankt.

Die im Laufe der Jahre entstandenen Fotografien sind Amateur-Aufnahmen – also Vorstellungs-Stützen, damit sich jeder, der noch nie in *die 13 Wässerli* war, etwas *vorstellen* kann. Sie sind auch als *Vorzimmer für die Augen der Leser* gedacht.

Bücher mit eigenen Fotografien

Holland. Erkundungen in einem Nachbarland. Mit 18 Abbildungen nach Fotografien des Autors. Süddeutscher Verlag, München 1981

Ein Dorf. Auf der Frankenhöhe. Mit 32 Schwarz/Weiß Fotografien vom Autor. Delp Verlag, Bad Windsheim 1981

Allee nach Königsberg. Gedichte. Helmut Seubert Verlag, Nürnberg 1987

Pappenheim. Südländische Stadt. Tagebuch einer Begegnung. Fotografien vom Autor. Helmut Seubert Verlag, Nürnberg 1988

Der Kanzler und der See. Lago di Como – Land und Leute, Kultur und Konrad Adenauer. *CORSO* Verlag, Hamburg 2012

Literatur zum Autor

Edgar Sitzmann: *Laudatio auf Godehard Schramm zum Kulturpreis des Frankenbundes (1993).* In: *Frankenland* I/1994

Bürger in Nürnberg, in Europa zu Hause. Godehard Schramm aus der Schweppermannstraße. In: Dorit Schatz, Stadtgespräche aus Nürnberg. Verlag Gmeiner Kultur, Meßkirch 2015

Matthias Einwag: *Godehard Schramm (*24.12.1943). Ein Steinbock in Franken.* In: Autoren und Autorinnen in Bayern. 20. Jahrhundert. Hrsg. von Alfons Schweigert und Hannes S. Macher. In: Lexikon der deutschsprachigen Gegenwartsliteratur, seit 1945. Neu hrsg. von Dietz-Rüdiger Moser. Nymphenburger, Bd. II, München, 1997

Winfried Schleyer: *Ein Spurenleser der Transzendenz im Alltag. Schriftsteller Godehard Schramm in Bamberger Dessauervilla mit dem Otto-Grau-Kulturpreis ausgezeichnet.* FT, Bamberg, 28.09. 1998

Peter Schmitt: *Der Europa-Wanderer. Als vielseitiger Reiseerzähler ist Godehard Schramm in der russischen Lyrik ebenso zuhause wie in der fränkischen Mundart-Literatur.* (Süddeutsche Zeitung, 24./25./26. Dezember 2003). Auch in: Robert Roßmann / Hans Kratzer (Hrsg.): *Stadt, Land, Wort. Bayerns Literaten: 22 Porträts* (S.37–40). SüdOst Verlag – Süddeutsche Zeitung, Waldkirchen 2004

Bernd Urlaub: *Das Gute liegt so nah. Heimatkunde Godehard Schramm, weitgereister Poet, besingt seine Stadt, sein Dorf, seine Straße und erweist sich dabei als sprachlich weltgewandt.* In: *Rheinischer Merkur, 14. Februar 2008*

Unglaublich vielseitiges Werk geschaffen. Godehard Schramm liest in der Alten Darre in Bad Staffelstein. Obermain-Tageblatt, 9. März 2012

Steffen Radlmaier: *Eigensinniger Literat: Die große und die kleine Welt begreifen. Nürnberger Nachrichten, 21./22. Dezember 2013*

Steffen Radlmaier: *Vielseitiger Autor: Der Nürnberger Schriftsteller Godehard Schramm erhält den Wolfram-von-Eschenbach-Preis,* In: *Nürnberger Nachrichten, 25. Juli 2003*

Erwähnte Bücher

Aichele, Dietmar und Heinz-Werner Schwegler: *Die Blütenpflanzen Mitteleuropas, Stuttgart* 1996

Braque, Georges: DER TAG UND DIE NACHT. Aus den Aufzeichnungen 1917 – 1952. *LE JOUR ET LA NUIT,* ÜBERTRAGUNG von *Jean-*Claude *Berger, Die Arche, Zürich 1953*

Carossa, Hans: Führung und Geleit. Ein Lebensgedenkbuch. Insel-Verlag, Leipzig 1933, ^{2}1939

Corinth, Lovis: Selbstbiographie. Gustav Kiepenheuer, Leipzig 1993

Green, Julien: Tagebücher. 1926–1942, 1943–1954, 1955–1972, 1972–1981, 1990–1996. Alle bei List Verlag, München-Leipzig, 1991–1999. Der letzte Tagebuchband: *Le Grande Large du Soir. Journal* 1997–1998, *Flammarion*, 2006

Grimaud, Hélène: Wolfssonate. Blanvalet Verlag, München 2005

Grimm, Jacob und Wilhelm: Deutsches Wörterbuch. 33 Bände. dtv (Lizenzausgabe), München 1984

Guardini, Romano: Sorge um den Menschen. Grünewald/Schöningh, Mainz / Paderborn 1988

Handbuch des Deutschen Aberglaubens. 10 Bde. Berlin-New York 1987

Historischer Atlas von Bayern, Teil Franken. Kommission der bayerischen Landesgeschichte. München 1953

Heidegger, Martin: Der Feldweg. Vittorio Klostermann, Frankfurt am Main 1953 (11. Auflage 2006)

Heidegger, Martin: Feldweg-Gespräche (1944/45). Vittorio Klostermann, Frankfurt am Main 1995

Heidenreich, Elke: Alles fließt. Der Rhein. Eine Reise/Bilder/Geschichten. Fotografie Tom Krausz. CORSO, Wiesbaden 2018

Hetzelein, Georg: Ein Leben für die Kunst. Hrsg. von Elisabeth Rüfer. Verlag des Landkreises Roth. Roth 2009. (Darin: Godehard Schramm: Eigensinnige Farbe in Föhren-Franken, S.13–21)

Hetzelein, Georg: Verachtet mir die Meister nicht. Kleines Kunstbrevier für den Landkreis Roth. Roth 1992

Johannes Paul II.: Römisches Triptychon. Meditationen. Mit einer Einführung von Joseph Kardinal Ratzinger. HERDER, Freiburg . Basel . Wien, 2003. *Polnische Ausgabe*: Jan Pawel II, TRYPTYK RZYMSKI, Medytacje. Wydawnictwo Literackie, Kraków, 2003. Copyright Libreria Editrice Vaticana. Città del Vaticano

Jünger, Ernst: An der Zollstation, in: Das Abenteuerliche Herz. Figuren und Capriccios. Zweite Fassung. Hanseatische Verlagsanstalt, Hamburg 1938

Jünger, Ernst: Der Waldgang. Cottas Bibliothek der Moderne 52. Klett-Cotta, Stuttgart 1986

Jünger, Ernst / Wolf Jobst Siedler: Bäume. Propyläen Verlag Ullstein. Frankfurt am Main Berlin Wien 1976

Jünger, Friedrich Georg: Sämtliche Gedichte. 3 Bde. Klett-Cotta. Stuttgart 1983

Kosmos-Naturführer: Unsere Moos- und Farnpflanzen. Stuttgart 1956

Kosmos Vogelführer für unterwegs. Stuttgart 2008

Königslöw, Joachim von: Flüsse Mitteleuropas. Zwanzig Biographien. Urachhaus, Stuttgart 1995

Kriegelstein, Alfred: Sagen und Lege aus Mittelfranken. Mittelfränkische Heimatkunde, Band 1, Delp'sche Verlagsbuchhandlung, München – Bad Windsheim 1983

Lehmann, Wilhelm: Gesammelte Werke in acht Bänden. Klett-Cotta, Stuttgart 1982–1999

Lehmann, Wilhelm: Dauer des Staunens. Sigbert Mohn Verlag, Güthersloh 1963

Marti, Kurt: Tagebuch mit Bäumen. Luchterhand, Darmstadt und Neuwied 1985

Nebel, Gerhard: Schmerz des Vermissens. Essays. Ausgewählt von Gerald Zschorsch. Mit einem Nachwort von Sebastian Kleinschmidt. Verlag Klett-Cotta, Stuttgart 2000

Nebel, Gerhard: Von den Elementen. Essays. Marées-Verlag, Wuppertal 1947

Nebel, Gerhard: Sprung von des Tigers Rücken. Klett, Stuttgart 1970

Nebel, Gerhard: Alles Gefühl ist leiblich. Ein Stück Autobiographie. Hrsg. v. Nicolai Riedel. Marbacher Bibliothek 6, Marbach am Neckar 2003

Paatz, Herbert: Doktor Kleinermacher (Allesamt im Verlag des Druckhauses Tempelhof, in Berlin, 1950, 1951 und 1952 erschienen. Den Einband zeichnete jeweils Elsa Eisgruber; ein Band mit 21 Bildern von J. Grüger, der Nächstfolgende hat 24 Textbilder von A. Zänkert, der 3. Band enthält 24 Textbilder von Rudolf Heinisch. Im 1952 erschienenen Band steht im Impressum: Copyright 1938 by Deutscher Verlag, Berlin. Als Auflagenhöhe: 68.-73. Tausend; „Osterbuch 1953" als Auflagenhöhe 51.-55. Tausend; im 3. Buch: 1.-10. Tausend, Printed in Germany, 1951

Paustowskij, Konstantin: Die goldene Rose. Gedanken über die Arbeit des Schriftstellers. Übersetzt von Alfred Kurella. Lizenzausgabe (Dietz Verlag, Berlin /DDR/) für Verlag Pustet, Salzburg und München 1969

Paustowskij, Konstantin: Lebenserinnerungen in 6 Bänden. Bd. 1 Ferne Jahre. Bd. 2 Unruhige Jugend. Bd. 3 Beginn eines unbekannten Zeitalters. Bd. 4 Die Zeit der großen Erwartungen. Bd. 5 Sprung nach dem Süden. Bd. 6 Buch der Wanderungen. Alle bei Nymphenburger, München 1961, 1962, 1963, 1966, 1967. Übersetzer der 6 Bände: Jossi von Koskull (Bd. 1–2), Gudrun Düwel (Bd. 3), Georg Schwarz (Bd. 4, 5, 6). (Auch als dtv- & Fischer-Taschenbuch)

Pelikan, Wilhelm: *Heilpflanzenkunde. Der Mensch und die Heilpflanzen.* Verlag Goetheanum, Dornach 1988

Picard, Max: Die unerschütterliche Ehe. Rentsch Verlag, Erlenbach-Zürich 1942; 2. Auflage 1952

Ponge, Francis: Das Notizbuch vom Kiefernwald und La Mounine. Deutsch von Peter Handke. Bibliothek Suhrkamp, BS 774; (c) Editions Gallimard, Paris 1965. Frankfurt am Main 1982

Ponge, Francis: Im Namen der Dinge. Mit einem Nachwort von Jean-Paul Sartre. (Le Parti Pris des Choses. Gallimard, Paris 1942, enthält *Der Kieselstein / Le Galet.*) Frankfurt am Main, BS 336, 1973

Reichholf, Josef H.: Naturgeschichte des letzten Jahrtausends. Frankfurt am Main 2007

Rodin, Auguste: Die Kathedralen Frankreichs. Reisebilder, übersetzt von Max Brod. Verlag für Architektur – Artemis, Zürich und München 1988

Scherzer, Hans: Erd- und pflanzengeschichtliche Wanderungen durchs Frankenland. Wunsiedel 1920

Stifter, Adalbert: Sämtliche Werke. 3 Bände. Sonderausgabe Die Tempel-Klassiker. Emil Vollmer Verlag. Wiesbaden o.J. (darin: Winterbriefe aus Kirchschlag)

Stifter, Adalbert: Briefe. Rainer Wunderlich Verlag. Tübingen und Stuttgart 1947

Stifter, Adalbert: Die kleinen Dinge schreien drein. 59 Briefe. Hrsg. v. Werner Welzig. Insel Verlag, Frankfurt am Main und Leipzig 1991

Szymborska, Wisława: Hundert Gedichte – Hundert Freuden / Sto wierzy – Sto pociech. Ausgewählt, übertragen und mit einem Nachwort von Karl Dedecius. Wydawnictwo Literackie, Kraków 1998

Thoreau, Henry D.: Walden oder Hüttenleben im Walde. Übers. a.d. Englischen von Fritz Güttinger. Manesse Verlag, Zürich 1972

Turgenjew, Iwan: Gedichte in Prosa. Стихотворение в прозе (Deutsch-Russisch). Übersetzung u. NW von Christine Reinke-Kunze. Reclam, Stuttgart 1983

Walter, Erich: Wildpflanzen im Frankenwald, Hoermann Verlag, Hof, 1984 (Erich Walter war auch Mitarbeiter von: Flora des Regnitzgebiets, Bd. 1 und 2, IHW-Verlag-Eching, 2003)

Weidemann, Hans-Josef: Tagfalter, Naturbuchverlag, Augsburg, 1995

Zimmermann, Walter: Inselmusik. (Enthält auch *Desert Plants).* Beginner Press, Köln 1981

- (CD) *Beginner's Mind. METIER,* MSV CD92057(a+b), 2003
- (CD) SYNASTRIA. Deutschlandradio/SWR 2003
- (CD) Songs of Innocence & Experience. mode 245, Deutschlandradio Kultur 2012
- Z. W. (Hg.): John Cage, Empty Mind. *Bibliothek Suhrkamp 1472,* Suhrkamp, Berlin 2012
- siehe auch: Albert Breier: Walter Zimmermann, Nomade in den Zeiten. Wolke Verlag, Hofheim 2014

Bernd Urlaub

Heimatkunde eines fränkischen Europäers

Godehard Schramm ist einer der wenigen Autoren von überregionaler, ja europäischer Bedeutung, der sich immer wieder zu seinen Wurzeln, zu seiner fränkischen Heimat – zur Stadt Nürnberg und ihrem *Land*-Umfeld – bekennt, und der diese Heimat in Sprache verwandelt.

Wir erleben das Abenteuer des „Landfundes“, das nun schon über ein Vierteljahrhundert zurückliegt – und die allmähliche Veränderung des Dorfes Neidhardswinden und des alten Hauses, das der Familie, nahe Nürnberg, zur „zweiten Heimat“ wurde.

Das Wachsen und Reifen wird zum lebensgesättigten Entwicklungsroman: vom unsicheren Beginn bis zur existenznotwendigen Verwurzelung des Ehepaares.

Wir sehen *Bauersleute* mit ihren abgearbeiteten Händen in der Kirche beten und wir hören sie in ihrer eigenen Sprache sprechen – und trotz des Dialektes verstehen wir sie.

Schramm ist nicht nur ein sensibler Beobachter, sondern auch konzentrierter Zuhörer wie minutiöser Beschreiber, und zugleich als einer, der tief in die Kulissen hinter den „Sachen“ eindringt, der dem „Wie“ der Fakten und Begebenheiten das „Was“ ihrer Gefühlswerte zur Seite stellt.

In einer Vielzahl von kürzeren oder längeren Texten, die wie Bilder daherkommen (eine formale „Erfindung“ Schramms) verteilt auf „Kapitel“, unternimmt er eine Reise von seiner Haustüre: hinaus in die Welt und wieder zurück.

Hier sind die Texte ein Kaleidoskop voller Begebenheiten und Gedanken, Erinnerungen und Erkenntnissen, voller Menschen und ihrer Schicksale.

Es entsteht der unverwechselbare „Schramm-Sound“: eine hochentwickelte Prosa mit oft überraschenden Wortfindungen und einer Leidenschaft für Fakten und Bilder. Schreiben bedeutet für ihn, sich zu erinnern und nach Spuren zu suchen. Der Tod als Konsequenz des Leben wird gerade deshalb in diesen lebenssatten Texten nicht ausgespart.

Es schließen sich Kreise, wie Schramm das nennt: neue Verbindungen tun sich auf.

Zusammen mit seinem Kindheitsroman *Mein Königreich war ein Apfelbaum* runden sich *Ein Weltreich: Mein Dorf* und *888 Meter Heimat*: *Nürnberg – von einer Straße aus erzählt* zu einer Trilogie, zur poetischen Autobiografie eines fränkischen Europäers.

Der utopisch-optimistische Impuls seiner Bilder berührt den Leser wie etwas, das er verloren glaubte: Ein in Literatur eingeschlossener Kosmos wie eine vorzeitliche Fliege im goldenen Bernstein.

*

Dieser Text erschien am 14. Februar 2008 in: *Rheinischer Merkur*, Kultur/Literatur. Herausgeber: Wolfgang Bergsdorf & Jean-Claude Juncker.

Die hier gekürzte Fassung galt zwei zeitgleich (2007) erschienenen Büchern (*Ein Weltreich: Mein Dorf* und *888 Meter Heimat. Nürnberg – von einer Straße aus erzählt*); sie stellte den Werk-Zusammenhang mit dem Kindheitsroman *Mein Königreich war ein Apfelbaum* (2005) her: als einer *Autobiographie-Trilogie*.

Erkundungs-Boot, indianisch, auf Keuper-Bunt – ablegend

Persönlicher Dank des Autors an:

Hans Schmidt, den wagemutigen Verleger.

Laura Hitz: für ihre Sorgfalt und die Kompositionen der Bildfolgen zu einem Lese-Bilder-Buch, sowie für den Umschlag.

Die anregende Schafkopf-Gemeinschaft: Paul Billmann, Georg Kraus und Hermann Schwarzkopf; des öfteren mit dabei: Roselinde Ertel, Traudel und Norbert Haubner.

Daniela Freifrau und Alexander Freiherr von Feilitzsch: für augen-öffnende Hinweise und kritisches Mitdenken – kurzum für Geleitschutz.

Die hilfsbereite *Oft-dabei-Familie* aus München-Solln: Sarida, Dr. Thomas Portenhauser – mit Julius, Josias, Aurelia und Eliseo.

Meine Frau Ingrid: für langmütige Geduld-Begleitung während der Zeit des Buch-Entstehens.